Michael Dienst

Reihenuntersuchung zu Profilkonturen für Leit- und Steuerflächen von Seefahrzeugen: Datenreihe ERpL2080, ERpL2070, ERpL2060

GRIN Verlag

Impressum:

Copyright © 2013 GRIN Verlag GmbH
Druck und Bindung: Books on Demand GmbH, Norderstedt Germany
ISBN: 978-3-656-47629-0

Dieses Buch bei GRIN:

http://www.grin.com/de/e-book/231748/reihenuntersuchung-zu-profilkonturen-
fuer-leit-und-steuerflaechen-von

Reihenuntersuchung zu Profilkonturen für Leit- und Steuerflächen von Seefahrzeugen

Datenreihe **ERpL2080**
Datenreihe **ERpL2070**
Datenreihe **ERpL2060**

Intro. In einer Analysekampagne werden Konturen synthetischer Profile auf ihre Eignung hin untersucht, als Profilform für Leit- und Steuerflächen kleiner Seefahrzeuge eingesetzt zu werden.

Das symmetrische Profil ERpL[p1][p2] (ERpL für **E**lliptic **R**igid **p**er **L**ength) mit den beiden beschreibenden Parametern "spezifische Profildicke p1=d/t[%] und Wölbungsrücklage p2=xf/t [%]" wurde als eine vollständig synthetisierte Tragflügelsektion entwickelt und im Frühjahr 2013 vom deutschen Patentamt DPMA veröffentlicht[1]. Dem Aufsatz ist die technische Beschreibung im Anhang beigestellt.

Messblätter

Es werden potentialtheoretische Untersuchungen zu den synthetischen Profilkonturen der ERpL-Serie durchgeführt. Das symmetrische Profil ERpL[p1][p2] (ERpL für **E**lliptic **R**igid **p**er **L**ength) mit den beiden beschreibenden Parametern "spezifische Profildicke p1=d/t[%] und Wölbungsrücklage p2=xf/t [%]" ist hier gegeben in der Version:

ERpL2080

spezifische Profildicke	p1= **d/t**	=	20 [%] und
spezifische Wölbungsrücklage	p2= **xf/t**	=	80 [%]

Im Anhang wird dargelegt, auf welche Weise mit diesen beiden Parametern eine Profilkontur der ERpL-Serie vollständig beschrieben wird.

Die Diagramme und die diesen Graphiken zugrunde gelegten Berechnungswerte sprechen für sich und werden in diesem Aufsatz nicht weiter kommentiert.

---

[1] Fluiddynamisch wirksames Strömungsprofil aus geometrischen Grundfiguren. (GM301) DE 20 2013 004 881.6 IPC: F03D 1/06

Die Graphiken betreffen:

- Geschwindigkeitsverteilung des zentral angeströmten ERpL-Profils. Die dargestellten generalisierten Geschwindigkeiten sind nicht signifikant für eine bestimmte Re-Zahl.
- Profilgraphik
- Polardiagramm der Auftriebs- und Widerstandsbeiwerte über den Anstellwinkel bei unterschiedlichen Reynoldszahlen für das Medium Wasser.
- Auftriebs- und Widerstandsbeiwerte in einer expliziten Darstellung.
- Stall: Transition und Separation auf der Tragflächenoberseite (Stallseite) über den Anstellwinkel bei unterschiedlichen Reynoldszahlen für das Medium Wasser.

Reihenuntersuchung zu Profilkonturen

Profiltiefe (chord length, c)		t	[m]
generalisierte x-Koordinate		x/l	[%]
generalisierte y-Koordinate		y/l	[%]
generalisierte (Kontur-) Geschwindigkeit		v/V	[%]
Profildicke		d/t	[%]
Profilwölbung		f/t	[%]
Wölbungsrücklage		xf/t	[%]
Nasenradius		r/t	[%]
Hinterkantenwinkel		τ	[°]

$\text{überströmte Fläche des Flügels} \quad A \quad [m^2] \quad A = b \cdot t$

$\text{Seitenverhältnis (Flügel)} \quad \lambda \quad [-] \quad \lambda = A/b^2$

Auftriebsbeiwert (LIFT-Koeffizient)	C_L	[-]
Widerstandsbeiwert (DRAG-Koeffizient)	C_d	[-]
Momentenbeiwert MOMENT-Koeffizient)	C_m	[-]
Druckbeiwert (pressure coefficient)	C_p	[-]
kritischer Druckbeiwert [2]	$C_p{}^*$	[-]
Reibungsbeiwert (local friction coefficient)	C_f	[-]

$\text{Gleitzahl} \quad G \quad [-] \quad G = (C_L / C_d)$

Geschwindigkeit in [m/s],	v, w	$[ms^{-1}]$
Schallgeschwindigkeit (speed of sound)	a	$[ms^{-1}]$

$\text{Auftrieb, Querkraft, Lift} \quad L \quad [N] \quad L = c_a \cdot A \cdot v^2 \cdot \rho/2$

$\text{Formwiderstand} \quad W_F \quad [N] \quad W_F = c_w \cdot A \cdot v^2 \cdot \rho/2$

$\text{Reibungswiderstand} \quad W_R \quad [N] \quad W_R = c_r \cdot A \cdot v^2 \cdot \rho/2$

$\text{induzierter Widerstand} \quad W_I \quad [N] \quad W_I = c_I \cdot A \cdot v^2 \cdot \rho/2$

$\text{Beiwert glatte Oberfläche, laminar} \quad c_r \quad [-] \quad c_r = 1{,}327 \cdot (Re)^{-1/2}$

$\text{Beiwert glatte Oberfläche, turbulent} \quad c_r \quad [-] \quad c_r = 0{,}074 \cdot (Re)^{-1/5}$

$\text{Beiwert rauhe Oberfläche, turbulent}[3] \quad c_r \quad [-] \quad c_r = 0{,}418 \cdot (2+lg(t/k))^{-2{,}53}$

$\text{Beiwert des induzierten Widerstands}[4] \quad c_I \quad [-] \quad c_I = \lambda c_a^2 / \Pi$

$\text{Liftleistung} \quad P_L \quad [W] \quad P_L = L \cdot v$

$\text{Widerstandsleistung} \quad P_{WI} \quad [W] \quad P_{WI} = (W_F + W_R + W_I) \cdot v$

$\text{Konturposition} \quad x \quad [m]$

$\text{Lokale Reynolds-Zahl} \quad Re_X \quad [-] \quad Re_X = Re\delta\_2 = v_\infty \cdot x / \nu$

$\text{Verdrängungsdicke, Grenzschichtdicke}[5] \quad \delta_1 \quad [m]$

$\text{Grenzschichtdicke (laminar)}[6] \quad \delta_2= \quad \delta_{LAM} \quad [m] \quad \delta_{LAM} = 5{,}0 \cdot (Re_X)^{-1/2} \sim x^{1/2}$

$\text{Grenzschichtdicke (turbulent)}[7] \quad \delta_3= \quad \delta_{TURB.} \quad [m] \quad \delta_{TURB} = k(x) \cdot (Re_X)^{-1/2} \sim x^{0.8}$

$\text{Konturbeiwert (shape factor12)} \quad H_{12} \quad [-] \quad H_{12} = \delta_1/\delta_2$

$\text{Konturbeiwert (shape factor32)} \quad H_{32} \quad [-] \quad H_{32} = \delta_3/\delta_2$

ULT LOWER	Umschlagpunkt, Transition: laminar-turbulent, lower surface
ULT UPPER	Umschlagpunkt, Transition: laminar-turbulent, upper surface
ABP LOWER	Ablösepunkt, Separation, lower surface
ABP UPPER	Ablösepunkt, Separation, upper surface

---

[2] kritischer Druckbeiwert (critical pressure coefficient ind. supersonic flow) $C_p{}^*$

[3] Angabe der Rauhigkeit k in [m]. z.B. gilt als glatt: k= 0,001[mm] = 10^{-3} [mm] = 10^{-6} [m].

[4] gemäß elliptischer Auftriebsverteilung nach Prandtl

[5] Grenzschichtdicke (displacement thickness) δ_1

[6] auch ImpulsverlustDicke (momentum loss thickness)

[7] Dicke der turbulenten Grenzschicht (ebene Platte) $\delta_{TURB.} = k(x)(Re_X)^{-1/2}$. Der empirische Faktor k entspricht der Ordinate k=y(x), im Falle der ebenen Platte. Auch EnergieDickenbeiwert (energy loss thickness)

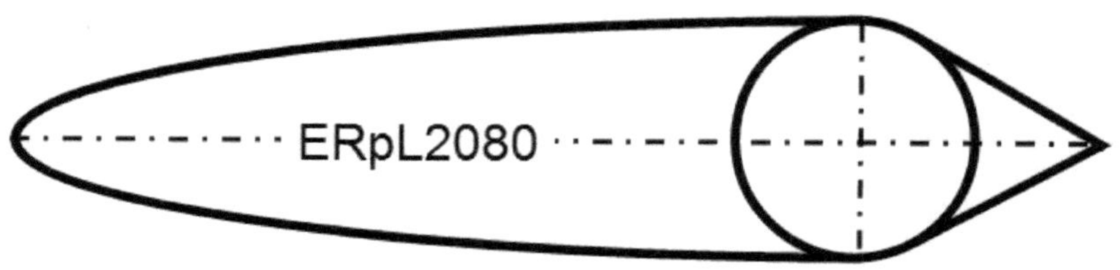

X/t	Y/t
1,00000000	0,00000000
0,99480564	0,00572227
0,98435846	0,01280347
0,96895189	0,02145009
0,94975449	0,03277871
0,92664847	0,04635834
0,89986906	0,06205578
0,86967325	0,07971779
0,83645054	0,09934016
0,79832257	0,11464685
0,75382527	0,11825072
0,70676835	0,11824749
0,65776183	0,11824384
0,60730922	0,11678414
0,55591435	0,11433833
0,50399377	0,11194228
0,45211148	0,10884330
0,40076233	0,10522021
0,35048222	0,10067460
0,30174186	0,09559278
0,25499936	0,09017428
0,21081451	0,08375816
0,16956039	0,07691051
0,13168708	0,06952781
0,09765309	0,06145195
0,06794704	0,05244502
0,04279427	0,04319377
0,02304388	0,03309645

0,00886933	0,02157822
0,00151556	0,01058435
-0,00000296	0,00328851
0,00147175	-0,00412808
0,00840488	-0,01515710
0,02201079	-0,02618969
0,04165358	-0,03661430
0,06663471	-0,04608987
0,09634673	-0,05476623
0,13024220	-0,06299225
0,16797691	-0,07051785
0,20909049	-0,07751085
0,25317855	-0,08375056
0,29975232	-0,08948033
0,34837135	-0,09442354
0,39851523	-0,09893078
0,44971450	-0,10266930
0,50144885	-0,10577444
0,55322941	-0,10809506
0,60451671	-0,10948706
0,65486248	-0,10949078
0,70373841	-0,10938138
0,75060048	-0,11094272
0,79507232	-0,10764307
0,83375348	-0,09402426
0,86756738	-0,07564898
0,89819859	-0,05895496
0,92537923	-0,04414215
0,94887494	-0,03139990
0,96832998	-0,02062472
0,98380399	-0,01233768
0,99398421	-0,00480985
1,00000000	0,00000000

x/l	y/l	v/V	δ_1	δ_2	δ_3	$Re\delta_2$	C_f	H_{12}	H_{32}	Zust.	y1
[-]	[-]	[-]	[-]	[-]	[-]	[-]	[-]	[-]	[-]	[-]	[%]
1,0000	0,0000	0,3778	0,003726	0,031341	0,001934	1184,1	0,0000	0,1189	0,0617	abgel.	0,0000
0,9948	0,0057	0,6316	0,003726	0,031341	0,001934	1979,4	0,0000	0,1189	0,0617	abgel.	0,0000
0,9844	0,0128	0,7064	0,003726	0,031341	0,001934	2213,8	0,0000	0,1189	0,0617	abgel.	0,0000
0,9690	0,0215	0,7467	0,003726	0,031341	0,001934	2340,4	0,0000	0,1189	0,0617	abgel.	0,0000
0,9498	0,0328	0,8337	0,003726	0,031341	0,001934	2613,0	0,0000	0,1189	0,0617	abgel.	0,0000
0,9266	0,0464	0,9146	0,003726	0,031341	0,001934	2866,5	0,0000	0,1189	0,0617	abgel.	0,0000
0,8999	0,0621	1,0056	0,003726	0,031341	0,001934	3151,8	0,0000	0,1189	0,0617	abgel.	0,0000
0,8697	0,0797	1,1141	0,003726	0,031341	0,001934	3491,6	0,0000	0,1189	0,0617	abgel.	0,0000
0,8365	0,0993	1,3849	0,003726	0,031341	0,001934	4340,4	0,0000	0,1189	0,0617	lam.	0,0000
0,7983	0,1146	1,6303	0,001976	0,001016	0,001710	144,3	0,0076	1,9446	1,6829	lam.	0,0162
0,7538	0,1183	1,4162	0,002982	0,001295	0,002084	167,4	0,0039	2,3032	1,6096	lam.	0,0227
0,7068	0,1182	1,2931	0,002721	0,001242	0,002022	159,3	0,0048	2,1908	1,6275	lam.	0,0205
0,6578	0,1182	1,2813	0,002861	0,001273	0,002061	158,7	0,0044	2,2466	1,6186	lam.	0,0213
0,6073	0,1168	1,2461	0,003403	0,001347	0,002128	162,8	0,0030	2,5267	1,5801	lam.	0,0260
0,5559	0,1143	1,2089	0,003131	0,001271	0,002017	153,5	0,0034	2,4645	1,5879	lam.	0,0242
0,5040	0,1119	1,2081	0,003131	0,001231	0,001942	147,4	0,0032	2,5435	1,5781	lam.	0,0250
0,4521	0,1088	1,1978	0,002803	0,001141	0,001813	136,7	0,0039	2,4568	1,5889	lam.	0,0227
0,4008	0,1052	1,1979	0,002766	0,001095	0,001730	129,8	0,0037	2,5272	1,5802	lam.	0,0232
0,3505	0,1007	1,1858	0,002753	0,001039	0,001627	122,3	0,0033	2,6512	1,5666	lam.	0,0245
0,3017	0,0956	1,1780	0,002276	0,000919	0,001458	109,1	0,0047	2,4766	1,5864	lam.	0,0205
0,2550	0,0902	1,1865	0,002208	0,000857	0,001350	100,6	0,0045	2,5750	1,5744	lam.	0,0211
0,2108	0,0838	1,1731	0,001977	0,000764	0,001202	89,5	0,0050	2,5873	1,5730	lam.	0,0201
0,1696	0,0769	1,1714	0,001700	0,000661	0,001042	77,5	0,0059	2,5704	1,5749	lam.	0,0185
0,1317	0,0695	1,1714	0,001347	0,000552	0,000879	64,7	0,0084	2,4388	1,5912	lam.	0,0154
0,0977	0,0615	1,1701	0,001231	0,000481	0,000758	54,8	0,0085	2,5599	1,5762	lam.	0,0154
0,0679	0,0524	1,1383	0,000875	0,000359	0,000571	40,8	0,0135	2,4382	1,5914	lam.	0,0122
0,0428	0,0432	1,1321	0,000572	0,000248	0,000400	27,0	0,0244	2,3005	1,6103	lam.	0,0091
0,0230	0,0331	1,0784	0,000385	0,000171	0,000278	15,3	0,0462	2,2452	1,6186	lam.	0,0066
0,0089	0,0216	0,8849	0,000271	0,000121	0,000196	6,3	0,1129	2,2359	1,6201	lam.	0,0042
0,0015	0,0106	0,5197	0,000188	0,000084	0,000136	1,5	0,0001	2,2364	1,6200	lam.	0,1414
-0,0000	0,0033	0,0929	0,000001	0,000000	0,000001	0,0	0,0000	2,2364	1,6200	lam.	0,0000
0,0015	-0,0041	0,3480	0,000210	0,000094	0,000152	1,4	0,0001	2,2364	1,6200	lam.	0,1414
0,0084	-0,0152	0,7701	0,000352	0,000157	0,000255	5,5	0,1296	2,2374	1,6198	lam.	0,0039
0,0220	-0,0262	0,9677	0,000360	0,000161	0,000261	12,6	0,0570	2,2355	1,6201	lam.	0,0059
0,0417	-0,0366	1,0584	0,000558	0,000243	0,000391	23,5	0,0282	2,2966	1,6109	lam.	0,0084
0,0666	-0,0461	1,0931	0,000802	0,000338	0,000541	35,8	0,0168	2,3733	1,6001	lam.	0,0109
0,0963	-0,0548	1,1053	0,001108	0,000451	0,000716	49,3	0,0108	2,4592	1,5886	lam.	0,0136
0,1302	-0,0630	1,1241	0,001415	0,000561	0,000886	62,0	0,0078	2,5236	1,5806	lam.	0,0160
0,1680	-0,0705	1,1303	0,001591	0,000642	0,001018	72,2	0,0072	2,4785	1,5861	lam.	0,0167
0,2091	-0,0775	1,1414	0,001897	0,000748	0,001181	84,5	0,0056	2,5371	1,5789	lam.	0,0188
0,2532	-0,0838	1,1430	0,002062	0,000825	0,001306	94,1	0,0053	2,5000	1,5834	lam.	0,0194
0,2998	-0,0895	1,1528	0,002367	0,000925	0,001457	105,7	0,0044	2,5602	1,5761	lam.	0,0214
0,3484	-0,0944	1,1528	0,002479	0,000993	0,001573	114,5	0,0044	2,4955	1,5840	lam.	0,0213
0,3985	-0,0989	1,1647	0,002787	0,001087	0,001713	125,3	0,0037	2,5636	1,5757	lam.	0,0234
0,4497	-0,1027	1,1707	0,002796	0,001133	0,001799	132,0	0,0040	2,4675	1,5875	lam.	0,0225
0,5014	-0,1058	1,1825	0,003000	0,001205	0,001909	141,1	0,0036	2,4900	1,5846	lam.	0,0236
0,5532	-0,1081	1,1958	0,003034	0,001245	0,001982	147,3	0,0037	2,4367	1,5914	lam.	0,0232
0,6045	-0,1095	1,2137	0,003073	0,001279	0,002041	152,9	0,0037	2,4029	1,5958	lam.	0,0231
0,6549	-0,1095	1,2057	0,003039	0,001294	0,002076	157,2	0,0039	2,3477	1,6034	lam.	0,0226
0,7037	-0,1094	1,2054	0,003624	0,001415	0,002230	170,6	0,0027	2,5613	1,5758	lam.	0,0272
0,7506	-0,1109	1,3819	0,003815	0,001478	0,002326	178,2	0,0025	2,5808	1,5737	lam.	0,0282
0,7951	-0,1076	1,5395	0,001846	0,000982	0,001681	135,7	0,0095	1,8796	1,7111	lam.	0,0145
0,8338	-0,0940	1,3508	0,003940	0,044964	0,002031	6073,8	0,0000	0,0876	0,0452	lam.	0,0000
0,8676	-0,0756	1,0909	0,003940	0,044964	0,002031	4905,1	0,0000	0,0876	0,0452	abgel.	0,0000
0,8982	-0,0590	0,9821	0,003940	0,044964	0,002031	4416,1	0,0000	0,0876	0,0452	abgel.	0,0000
0,9254	-0,0441	0,8931	0,003940	0,044964	0,002031	4015,7	0,0000	0,0876	0,0452	abgel.	0,0000
0,9489	-0,0314	0,8201	0,003940	0,044964	0,002031	3687,7	0,0000	0,0876	0,0452	abgel.	0,0000
0,9683	-0,0206	0,7315	0,003940	0,044964	0,002031	3289,3	0,0000	0,0876	0,0452	abgel.	0,0000
0,9838	-0,0123	0,6965	0,003940	0,044964	0,002031	3131,5	0,0000	0,0876	0,0452	abgel.	0,0000
0,9940	-0,0048	0,5340	0,003940	0,044964	0,002031	2401,1	0,0000	0,0876	0,0452	abgel.	0,0000
1,0000	0,0000	0,3778	0,003940	0,044964	0,002031	1698,9	0,0000	0,0876	0,0452	abgel.	0,0000

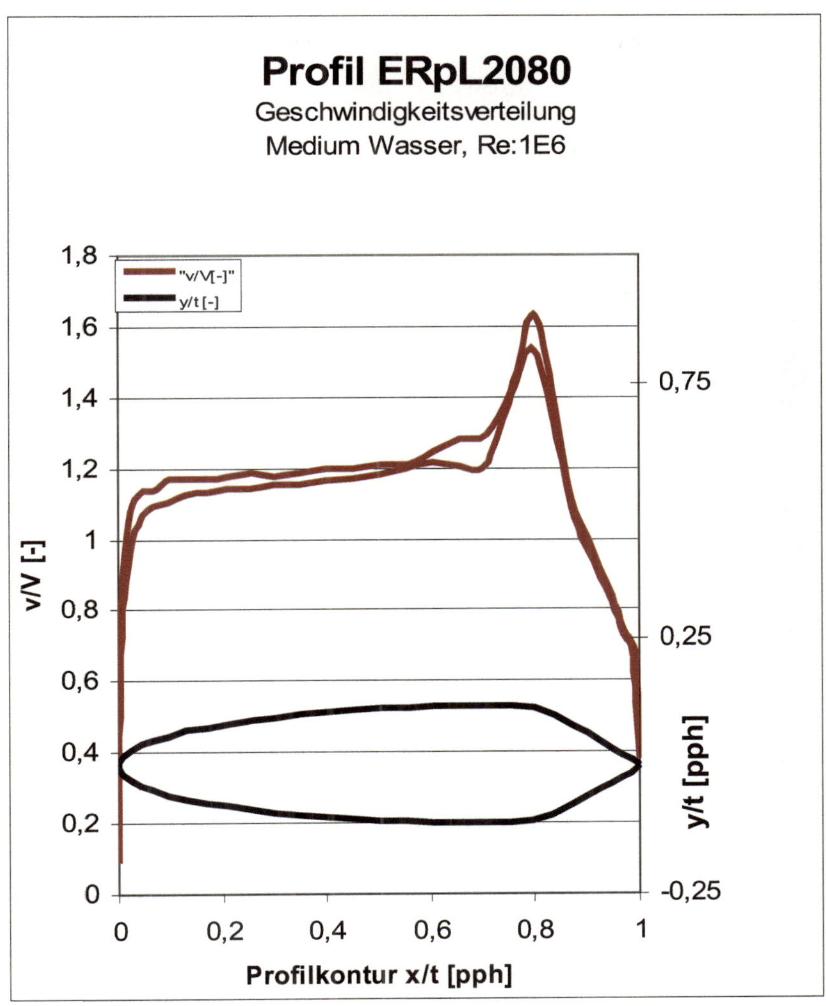

Profil ERpL2080
Geschwindigkeitsverteilung
Medium Wasser, Re:1E6
"v/V[-]"
y/t [-]
v/V [-]
y/t [pph]
Profilkontur x/t [pph]

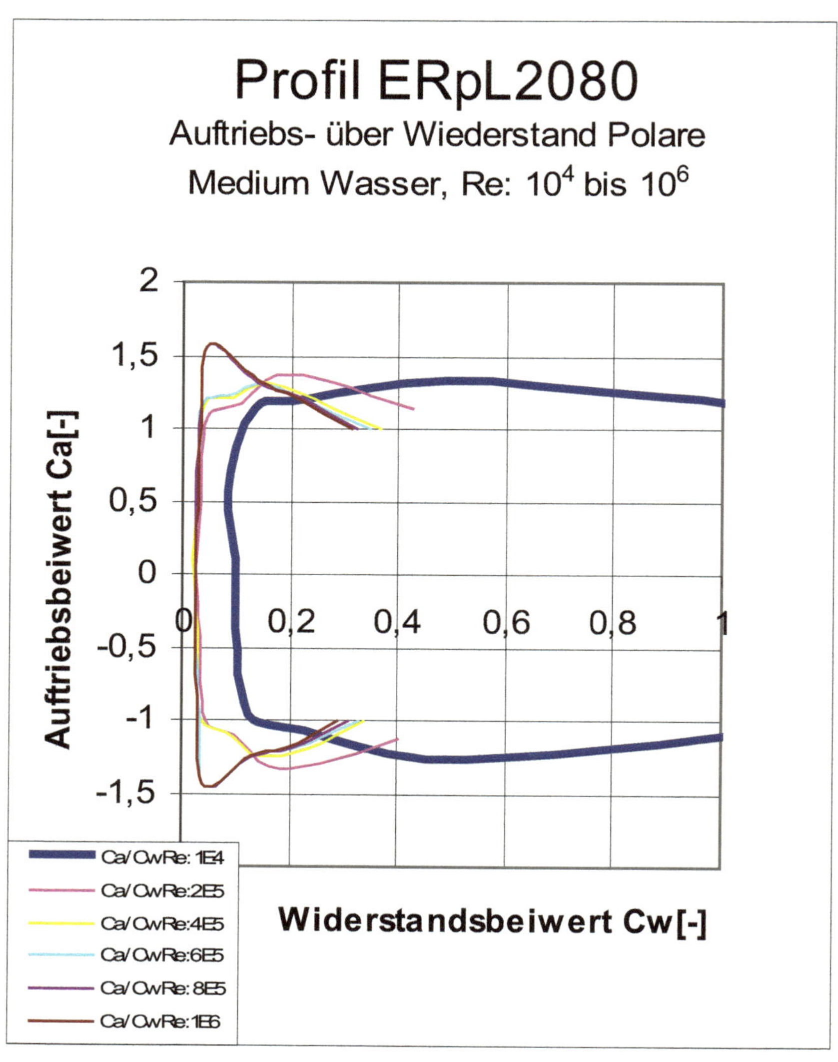

Profil ERpL2080
Auftriebs- über Wiederstand Polare
Medium Wasser, Re: 10^4 bis 10^6
Auftriebsbeiwert Ca[-]
2
1,5
1
0,5
0
-0,5
-1
-1,5
0
0,2
0,4
0,6
0,8
1
Widerstandsbeiwert Cw[-]
Ca/CwRe: 1E4
Ca/CwRe: 2E5
Ca/CwRe: 4E5
Ca/CwRe: 6E5
Ca/CwRe: 8E5
Ca/CwRe: 1E6

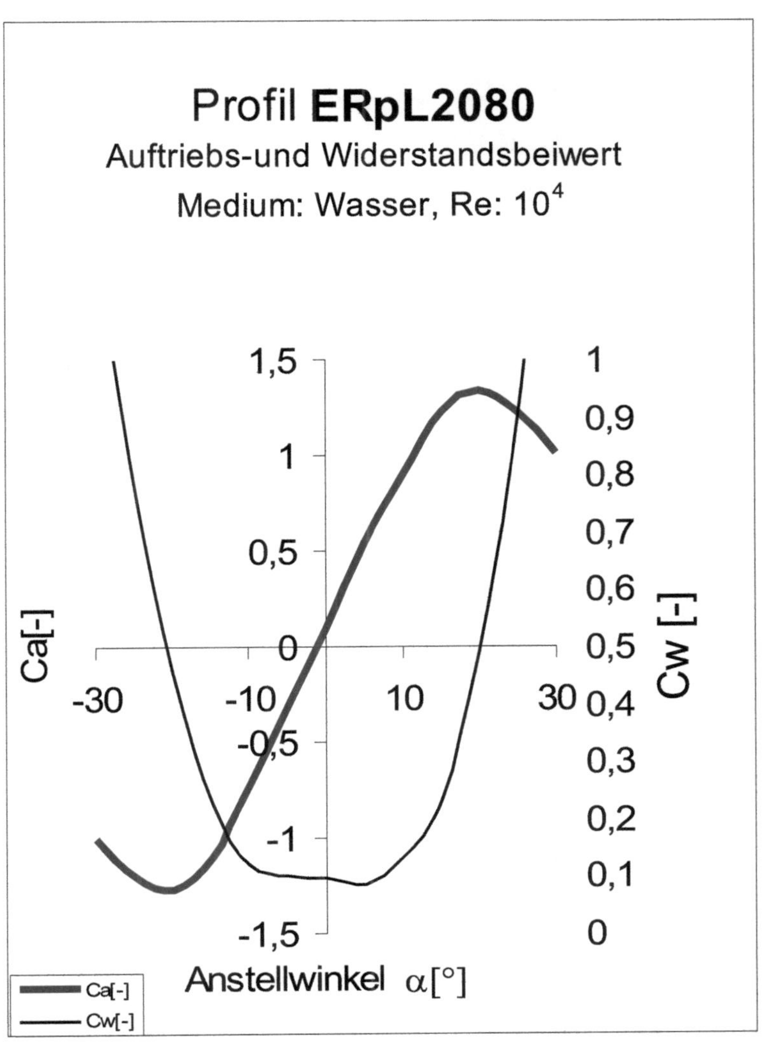

Profil ERpL2080
Auftriebs-und Widerstandsbeiwert
Medium: Wasser, Re: 10⁴
Ca[-]
Cw [-]
1,5
1
0,5
0
-0,5
-1
-1,5
1
0,9
0,8
0,7
0,6
0,5
0,4
0,3
0,2
0,1
0
-30
-10
10
30
Anstellwinkel α[°]
Ca[-]
Cw[-]

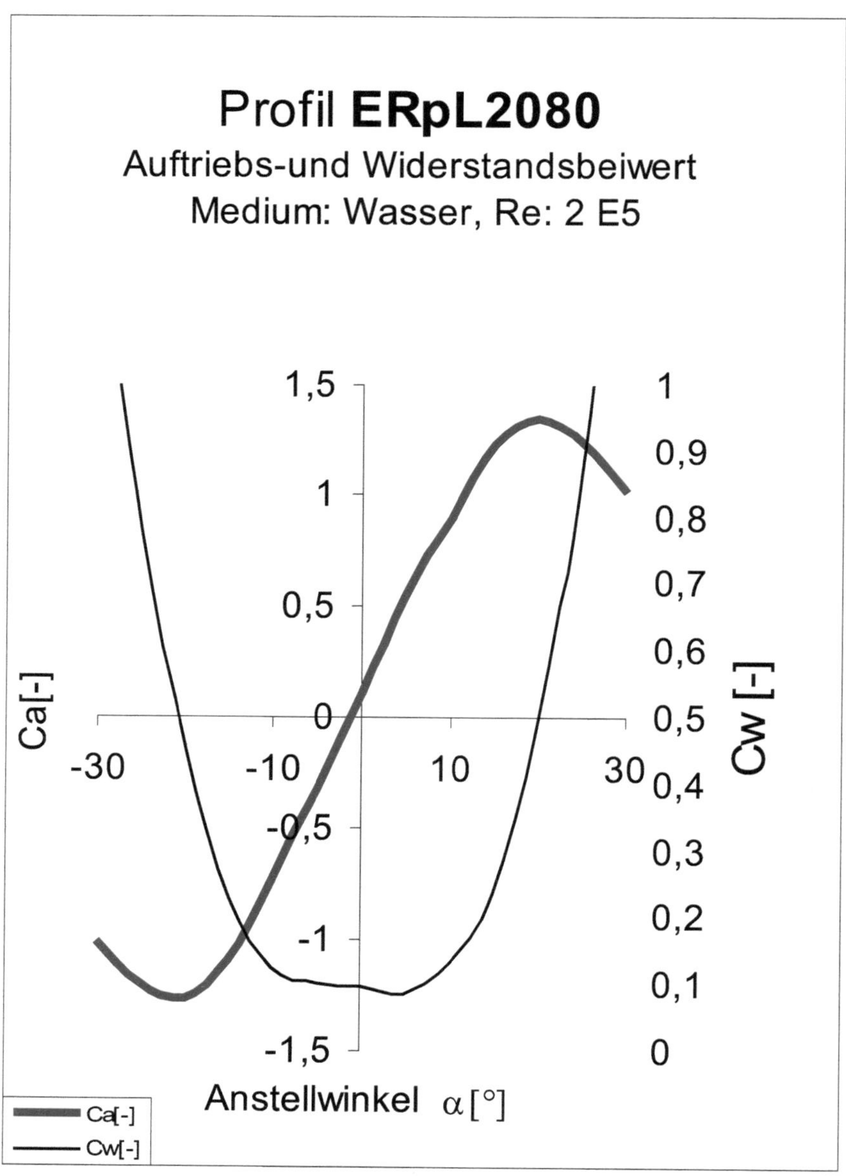

Profil ERpL2080
Auftriebs-und Widerstandsbeiwert
Medium: Wasser, Re: 2 E5
Ca[-]
Cw [-]
1,5
1
0,5
0
-0,5
-1
-1,5
1
0,9
0,8
0,7
0,6
0,5
0,4
0,3
0,2
0,1
0
-30
-10
10
30
Anstellwinkel α [°]
Ca[-]
Cw[-]

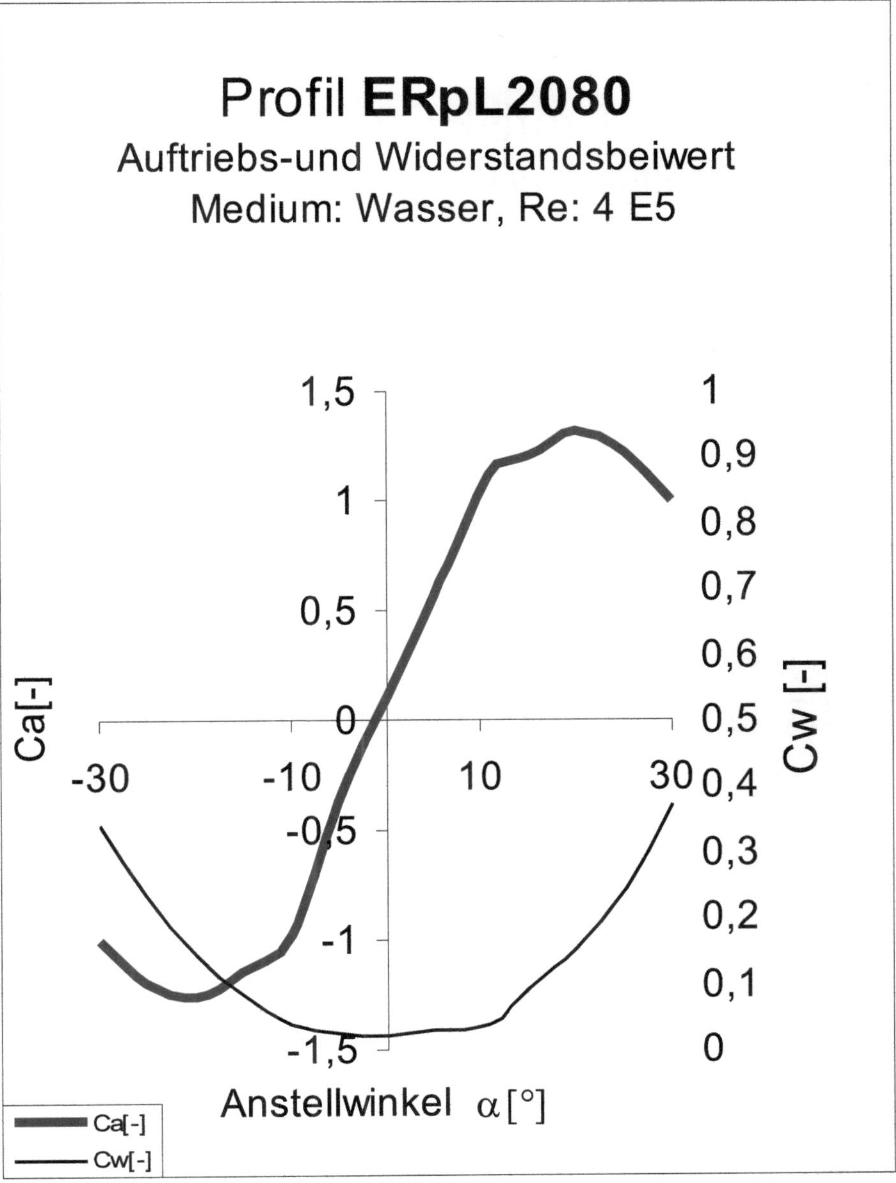

Profil ERpL2080
Auftriebs-und Widerstandsbeiwert
Medium: Wasser, Re: 4 E5
Ca[-]
Cw [-]
1,5
1
0,5
0
-0,5
-1
-1,5
1
0,9
0,8
0,7
0,6
0,5
0,4
0,3
0,2
0,1
0
-30
-10
10
30
Anstellwinkel α[°]
Ca[-]
Cw[-]

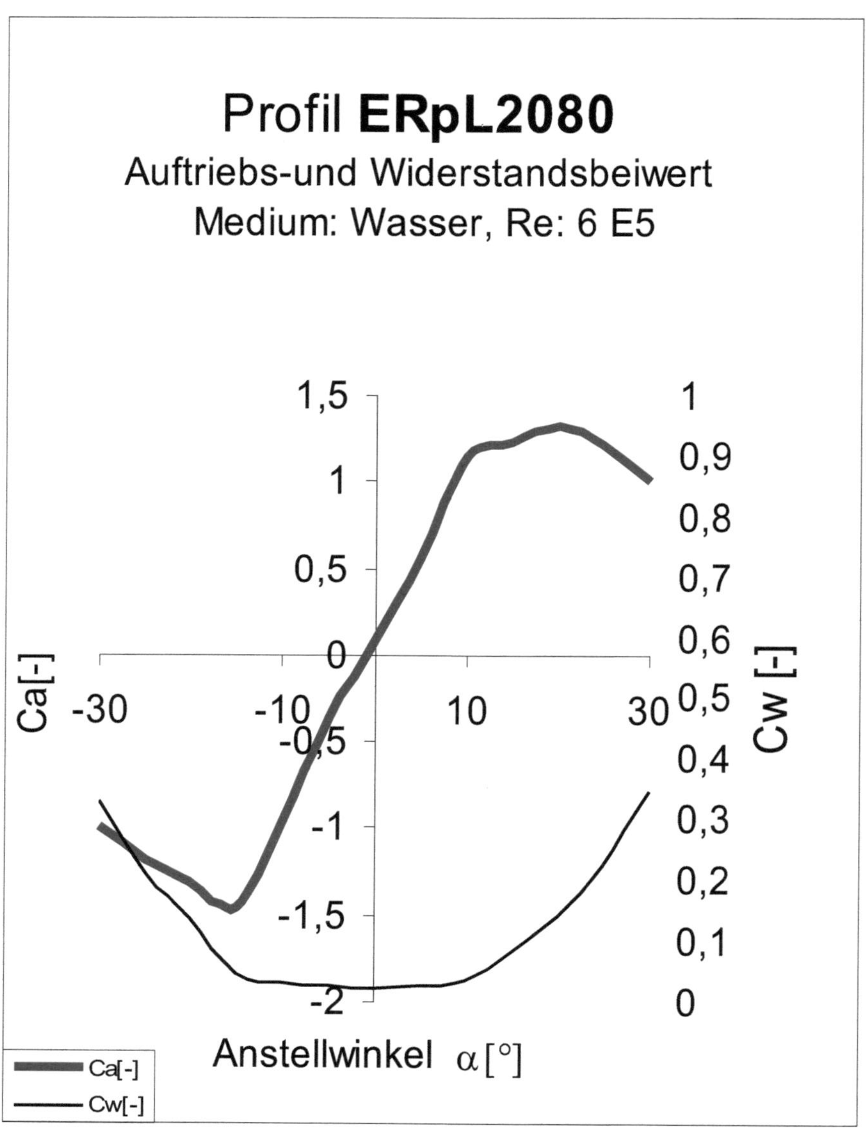
Profil ERpL2080
Auftriebs-und Widerstandsbeiwert
Medium: Wasser, Re: 6 E5
1,5
1
0,5
0
-0,5
-1
-1,5
-2
Ca[-]
1
0,9
0,8
0,7
0,6
0,5
0,4
0,3
0,2
0,1
0
Cw [-]
-30
-10
10
30
Anstellwinkel α [°]
Ca[-]
Cw[-]

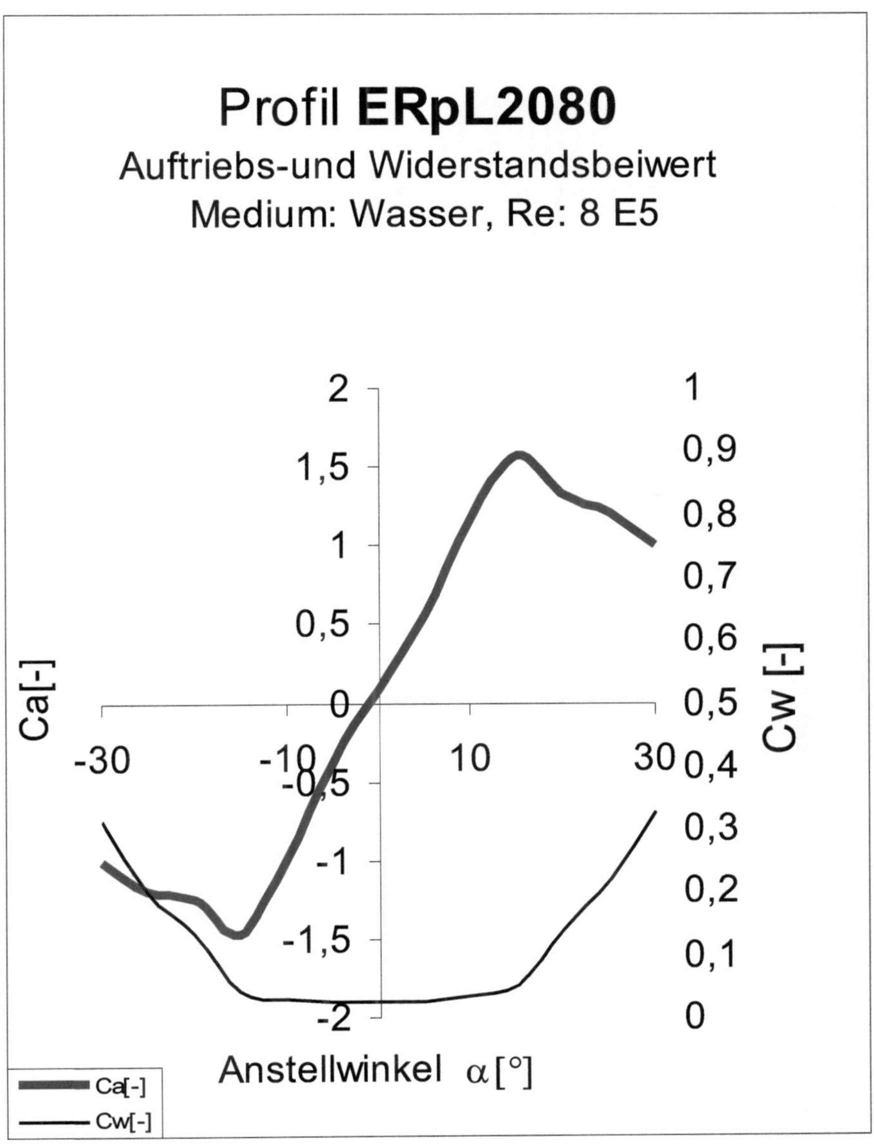

Profil ERpL2080
Auftriebs-und Widerstandsbeiwert
Medium: Wasser, Re: 8 E5
Ca[-]
Cw [-]
2
1,5
1
0,5
0
-0,5
-1
-1,5
-2
1
0,9
0,8
0,7
0,6
0,5
0,4
0,3
0,2
0,1
0
-30
-10
10
30
Anstellwinkel α [°]
Ca[-]
Cw[-]

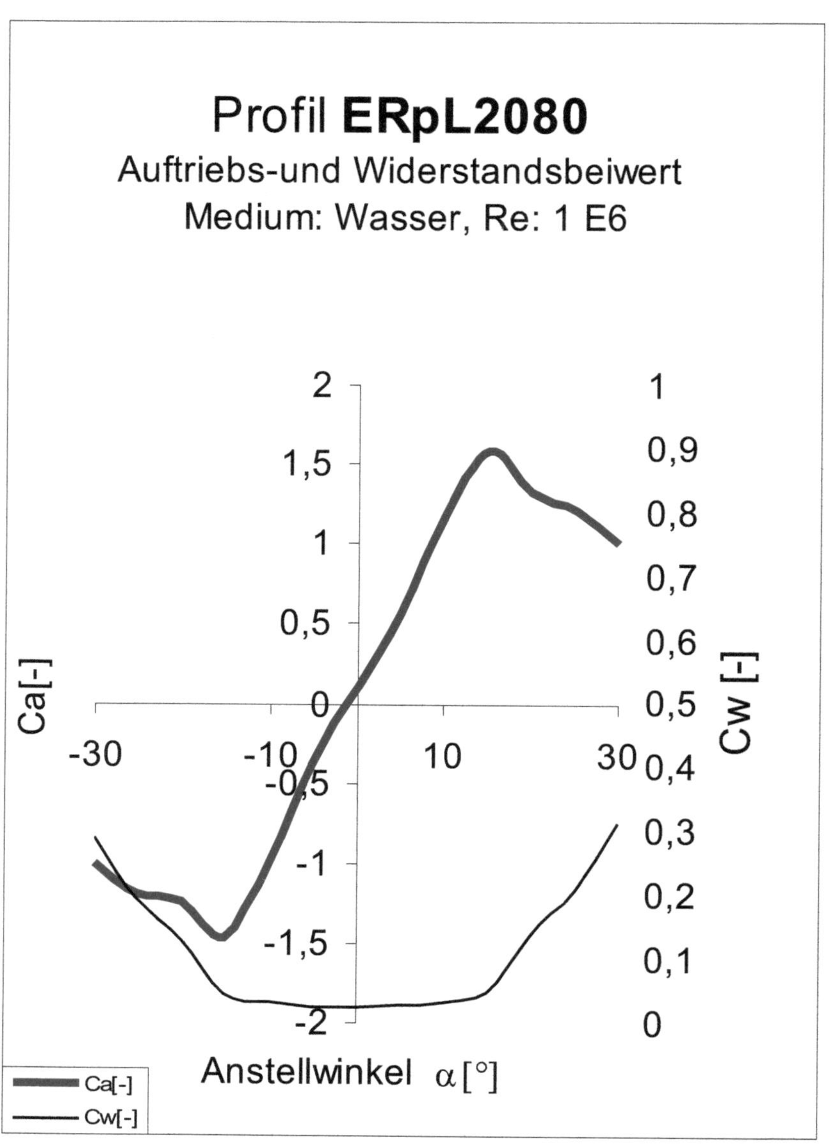

Profil ERpL2080
Auftriebs-und Widerstandsbeiwert
Medium: Wasser, Re: 1 E6
Ca[-]
Cw [-]
2
1,5
1
0,5
0
-0,5
-1
-1,5
-2
1
0,9
0,8
0,7
0,6
0,5
0,4
0,3
0,2
0,1
0
-30
-10
10
30
Anstellwinkel α [°]
Ca[-]
Cw[-]

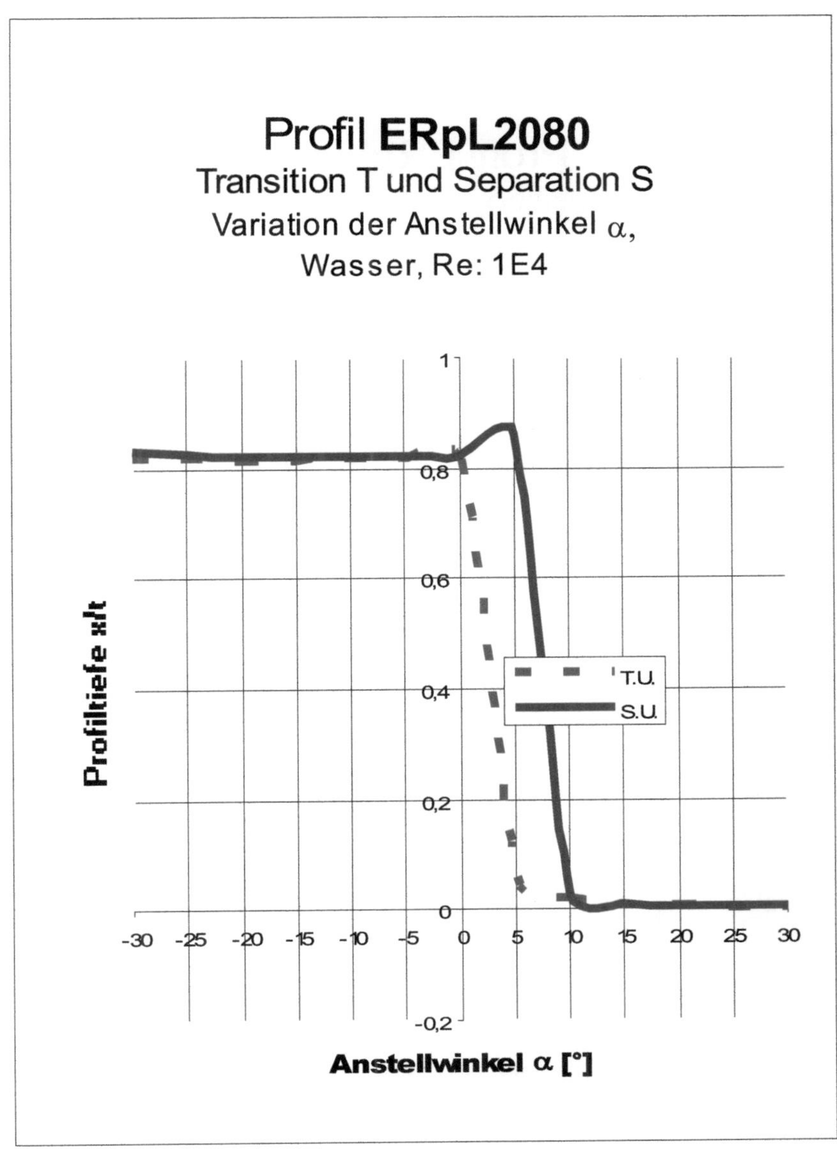

Profil ERpL2080
Transition T und Separation S
Variation der Anstellwinkel α,
Wasser, Re: 1E4
Profiltiefe x/t
1
0,8
0,6
0,4
0,2
0
-0,2
T.U.
S.U.
-30
-25
-20
-15
-10
-5
0
5
10
15
20
25
30
Anstellwinkel α [°]

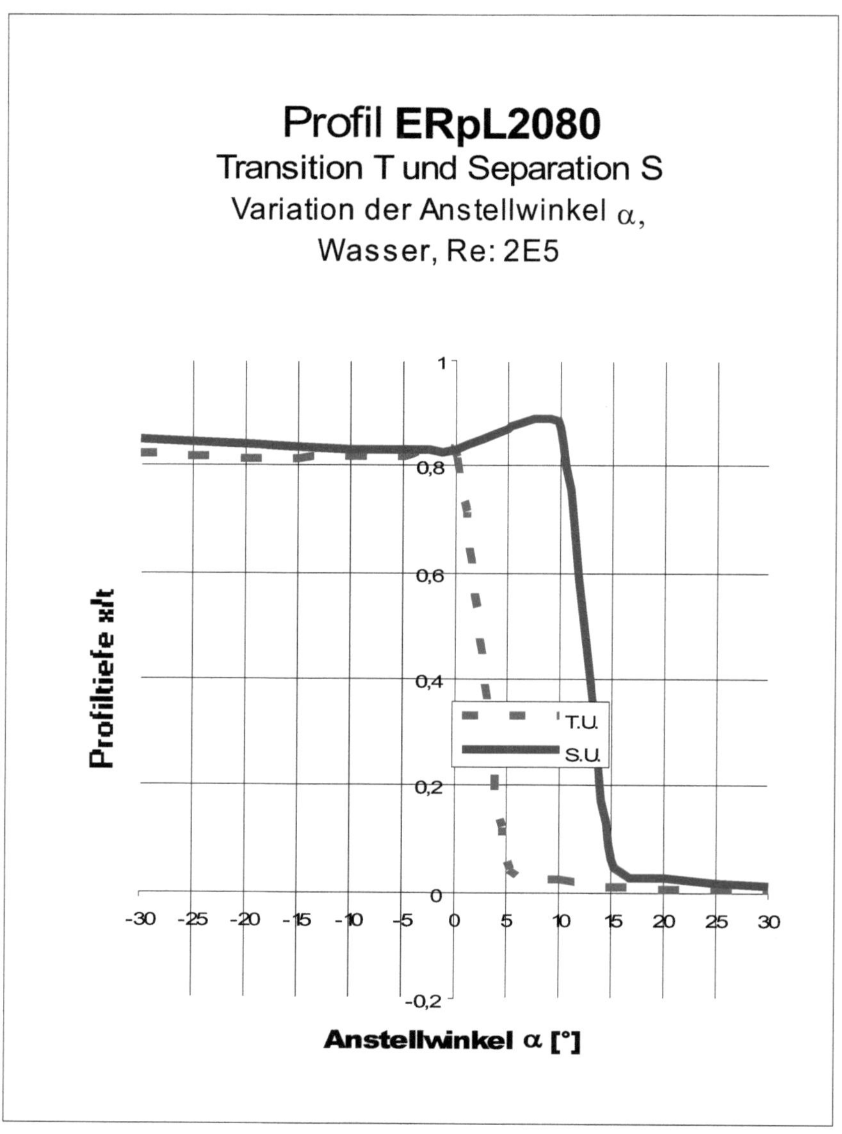

Profil ERpL2080
Transition T und Separation S
Variation der Anstellwinkel α,
Wasser, Re: 2E5
Profiltiefe x/t
1
0,8
0,6
0,4
0,2
0
-0,2
T.U.
S.U.
-30 -25 -20 -15 -10 -5 0 5 10 15 20 25 30
Anstellwinkel α [°]

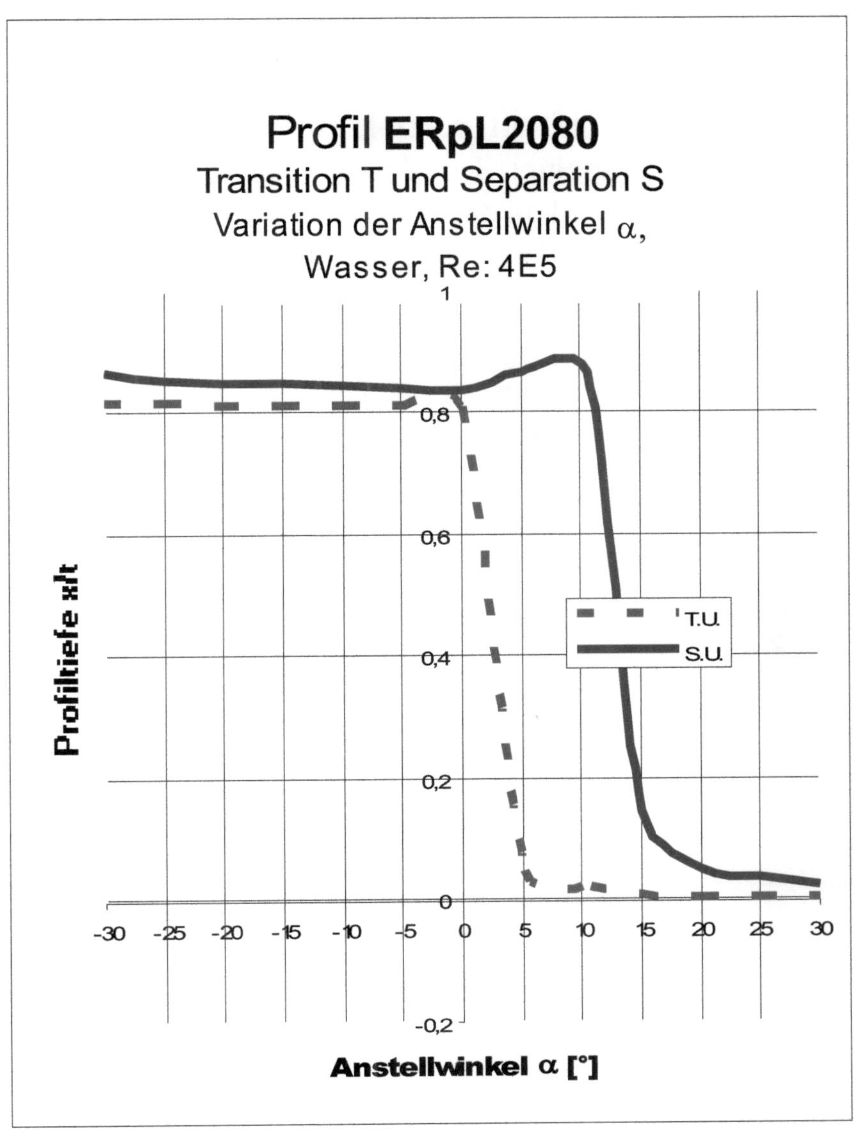

Profil ERpL2080
Transition T und Separation S
Variation der Anstellwinkel α,
Wasser, Re: 4E5
1
0,8
0,6
0,4
0,2
0
-0,2
Profiltiefe x/t
T.U.
S.U.
-30
-25
-20
-15
-10
-5
0
5
10
15
20
25
30
Anstellwinkel α [°]

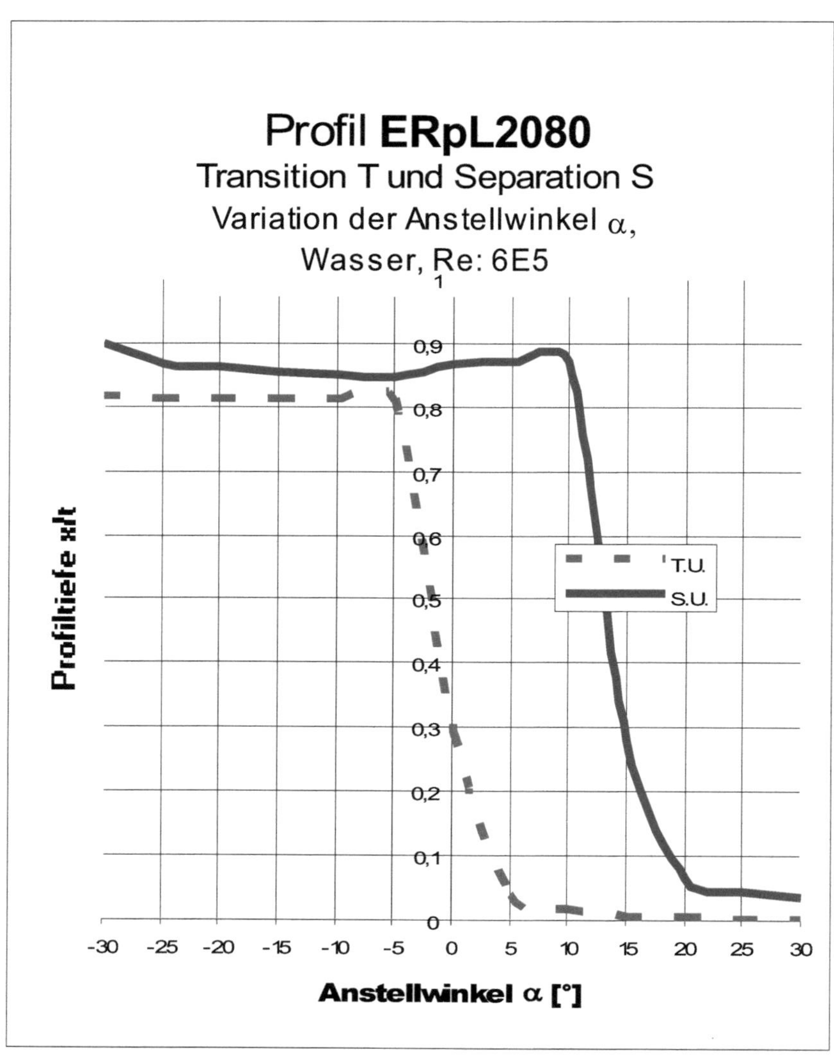
Profil ERpL2080
Transition T und Separation S
Variation der Anstellwinkel α,
Wasser, Re: 6E5
Profiltiefe x/t
Anstellwinkel α [°]
T.U.
S.U.
1
0,9
0,8
0,7
0,6
0,5
0,4
0,3
0,2
0,1
0
-30
-25
-20
-15
-10
-5
0
5
10
15
20
25
30

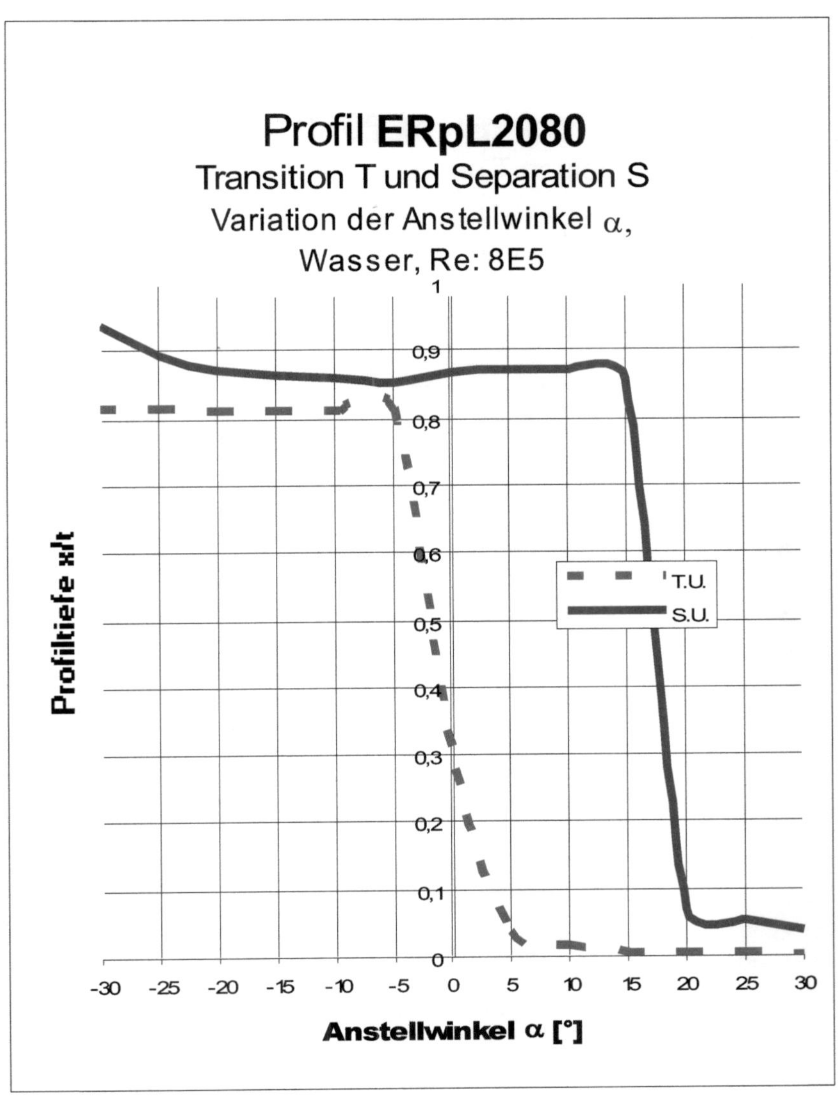

Profil ERpL2080
Transition T und Separation S
Variation der Anstellwinkel α,
Wasser, Re: 8E5
Profiltiefe x/t
Anstellwinkel α [°]
1
0,9
0,8
0,7
0,6
0,5
0,4
0,3
0,2
0,1
0
-30
-25
-20
-15
-10
-5
0
5
10
15
20
25
30
T.U.
S.U.

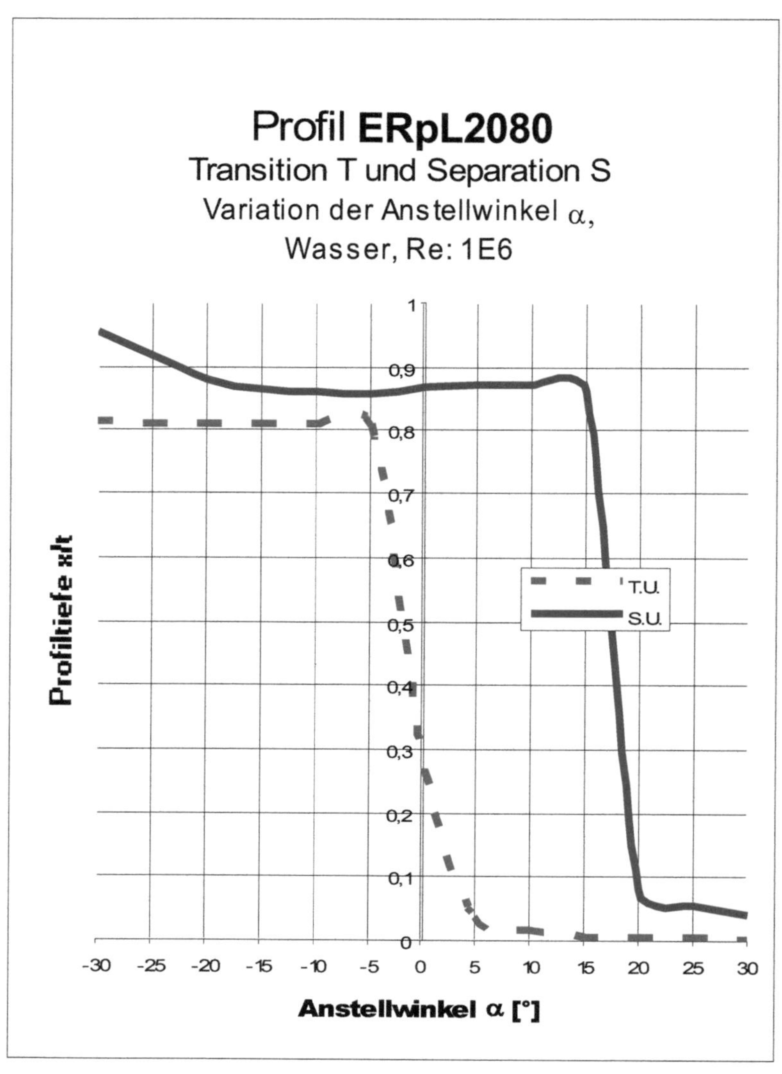

Profil ERpL2080
Transition T und Separation S
Variation der Anstellwinkel α,
Wasser, Re: 1E6
Profiltiefe x/t
T.U.
S.U.
Anstellwinkel α [°]

Re= 1E4

α [°]	Ca [-]	Cw [-]	Cm 0.25 [-]	T.U. [-]	T.L. [-]	S.U. [-]	S.L. [-]	GZ [-]	N.P. [-]	D.P. [-]
-30,0	-1,006	1,22145	0,300	0,819	0,003	0,832	0,005	-0,824	0,033	0,548
-25,0	-1,201	0,78289	0,258	0,817	0,004	0,826	0,006	-1,535	-0,097	0,464
-20,0	-1,267	0,45128	0,209	0,814	0,007	0,823	0,010	-2,809	1,182	0,415
-15,0	-1,092	0,22762	0,156	0,814	0,011	0,822	0,015	-4,798	0,457	0,393
-10,0	-0,731	0,12282	0,098	0,816	0,017	0,823	0,023	-5,955	0,418	0,385
-5,0	-0,315	0,10023	0,025	0,817	0,020	0,823	0,827	-3,139	0,398	0,331
0,0	0,101	0,09760	-0,024	0,817	0,817	0,824	0,824	1,033	0,364	0,491
5,0	0,547	0,08419	-0,072	0,056	0,816	0,859	0,822	6,496	0,404	0,382
10,0	0,900	0,13330	-0,147	0,021	0,816	0,030	0,825	6,753	0,443	0,414
15,0	1,230	0,23739	-0,204	0,007	0,816	0,011	0,826	5,181	0,497	0,416
20,0	1,346	0,48983	-0,257	0,004	0,816	0,007	0,828	2,747	286,132	0,441
25,0	1,230	0,89008	-0,306	0,003	0,819	0,005	0,834	1,382	-0,017	0,499
30,0	1,007	1,50930	-0,348	0,003	0,826	0,004	0,838	0,667	0,061	0,595

Re= 2E5

α [°]	Ca [-]	Cw [-]	Cm 0.25 [-]	T.U. [-]	T.L. [-]	S.U. [-]	S.L. [-]	GZ [-]	N.P. [-]	D.P. [-]
-30,0	-1,000	0,40410	0,301	0,819	0,003	0,849	0,018	-2,474	0,029	0,551
-25,0	-1,192	0,25493	0,259	0,816	0,004	0,845	0,020	-4,677	-0,103	0,467
-20,0	-1,258	0,16119	0,210	0,813	0,007	0,841	0,021	-7,805	1,120	0,417
-15,0	-1,075	0,09725	0,157	0,813	0,011	0,834	0,038	-11,056	0,740	0,396
-10,0	-0,972	0,04207	0,070	0,814	0,017	0,832	0,866	-23,095	0,439	0,322
-5,0	-0,367	0,03225	0,023	0,814	0,087	0,832	0,866	-11,368	0,338	0,314
0,0	0,101	0,02414	-0,024	0,814	0,812	0,832	0,836	4,176	0,353	0,491
5,0	0,558	0,03447	-0,072	0,055	0,811	0,866	0,837	16,175	0,340	0,379
10,0	1,148	0,04545	-0,119	0,021	0,813	0,866	0,839	25,268	0,459	0,353
15,0	1,203	0,10636	-0,207	0,007	0,813	0,058	0,842	11,310	1,028	0,422
20,0	1,329	0,17314	-0,259	0,004	0,814	0,026	0,844	7,676	5,747	0,445
25,0	1,221	0,28050	-0,307	0,003	0,817	0,017	0,848	4,354	-0,025	0,501
30,0	1,002	0,42724	-0,349	0,002	0,826	0,012	0,849	2,346	0,059	0,598

Re= 4E5

α [°]	Ca [-]	Cw [-]	Cm 0.25 [-]	T.U. [-]	T.L. [-]	S.U. [-]	S.L. [-]	GZ [-]	N.P. [-]	D.P. [-]
-30,0	-0,999	0,34113	0,303	0,816	0,002	0,866	0,030	-2,927	0,028	0,553
-25,0	-1,189	0,23478	0,261	0,814	0,003	0,857	0,036	-5,065	-0,109	0,469
-20,0	-1,250	0,14726	0,213	0,812	0,005	0,852	0,053	-8,488	1,142	0,420
-15,0	-1,080	0,08394	0,163	0,810	0,011	0,849	0,209	-12,863	0,774	0,401
-10,0	-0,977	0,03687	0,070	0,812	0,016	0,845	0,870	-26,499	0,447	0,321
-5,0	-0,372	0,02769	0,023	0,813	0,065	0,841	0,870	-13,439	0,337	0,312
0,0	0,101	0,01975	-0,024	0,812	0,653	0,839	0,865	5,104	0,352	0,491
5,0	0,560	0,02951	-0,072	0,046	0,810	0,868	0,844	18,996	0,339	0,378
10,0	1,153	0,03984	-0,118	0,018	0,810	0,868	0,851	28,934	0,465	0,353
15,0	1,202	0,09487	-0,210	0,006	0,811	0,147	0,852	12,673	1,082	0,425
20,0	1,324	0,15282	-0,261	0,004	0,811	0,052	0,856	8,663	6,992	0,447
25,0	1,217	0,24263	-0,309	0,003	0,813	0,038	0,863	5,015	-0,026	0,504
30,0	0,999	0,37124	-0,350	0,002	0,820	0,025	0,866	2,692	0,059	0,601

Re= 6E5

α [°]	Ca [-]	Cw [-]	Cm 0.25 [-]	T.U. [-]	T.L. [-]	S.U. [-]	S.L. [-]	GZ [-]	N.P. [-]	D.P. [-]
-30,0	-0,999	0,32882	0,304	0,814	0,002	0,900	0,036	-3,037	0,029	0,554
-25,0	-1,189	0,20935	0,262	0,813	0,003	0,868	0,048	-5,679	-0,109	0,470
-20,0	-1,249	0,13512	0,214	0,810	0,004	0,863	0,068	-9,247	-0,302	0,421
-15,0	-1,455	0,04643	0,115	0,810	0,010	0,854	0,861	-31,338	0,793	0,329
-10,0	-0,983	0,03296	0,069	0,812	0,015	0,850	0,874	-29,831	0,335	0,320
-5,0	-0,376	0,02523	0,023	0,812	0,058	0,848	0,873	-14,895	0,336	0,311
0,0	0,101	0,02284	-0,024	0,293	0,634	0,867	0,866	4,414	0,351	0,491
5,0	0,562	0,02713	-0,072	0,040	0,808	0,870	0,851	20,727	0,339	0,378
10,0	1,155	0,03687	-0,118	0,016	0,810	0,870	0,856	31,316	0,458	0,352
15,0	1,233	0,08292	-0,211	0,005	0,810	0,282	0,861	14,874	1,100	0,421
20,0	1,324	0,14334	-0,262	0,004	0,808	0,064	0,868	9,234	-5,674	0,448
25,0	1,217	0,22199	-0,310	0,002	0,811	0,046	0,883	5,481	-0,028	0,504
30,0	1,000	0,34761	-0,352	0,002	0,816	0,036	0,923	2,876	0,057	0,602

Re= 8E5

α [°]	Ca [-]	Cw [-]	Cm 0.25 [-]	T.U. [-]	T.L. [-]	S.U. [-]	S.L. [-]	GZ [-]	N.P. [-]	D.P. [-]
-30,0	-0,999	0,31221	0,304	0,813	0,001	0,938	0,040	-3,199	0,031	0,554
-25,0	-1,189	0,20268	0,262	0,812	0,002	0,893	0,055	-5,869	-0,104	0,470
-20,0	-1,251	0,13325	0,214	0,809	0,004	0,870	0,083	-9,388	-0,296	0,421
-15,0	-1,460	0,04431	0,114	0,809	0,010	0,863	0,864	-32,960	0,800	0,328
-10,0	-0,986	0,03157	0,069	0,810	0,013	0,859	0,876	-31,241	0,334	0,320
-5,0	-0,379	0,02380	0,023	0,812	0,052	0,852	0,876	-15,942	0,336	0,310
0,0	0,101	0,02464	-0,024	0,276	0,332	0,868	0,872	4,091	0,350	0,491
5,0	0,564	0,02610	-0,072	0,037	0,807	0,871	0,856	21,621	0,338	0,377
10,0	1,159	0,03497	-0,118	0,015	0,808	0,872	0,862	33,144	0,341	0,352
15,0	1,576	0,05117	-0,164	0,005	0,808	0,856	0,868	30,793	1,126	0,354
20,0	1,324	0,13803	-0,262	0,003	0,808	0,069	0,879	9,589	-0,158	0,448
25,0	1,217	0,21977	-0,310	0,002	0,810	0,053	0,912	5,539	-0,027	0,505
30,0	1,000	0,32502	-0,352	0,001	0,813	0,039	0,954	3,075	0,059	0,602

Re= 1E6

α [°]	Ca [-]	Cw [-]	Cm 0.25 [-]	T.U. [-]	T.L. [-]	S.U. [-]	S.L. [-]	GZ [-]	N.P. [-]	D.P. [-]
-30,0	-0,999	0,28856	0,304	0,812	0,001	0,954	0,041	-3,461	0,033	0,554
-25,0	-1,190	0,19371	0,263	0,810	0,002	0,917	0,059	-6,142	-0,103	0,471
-20,0	-1,252	0,12928	0,215	0,809	0,003	0,881	0,089	-9,681	-0,294	0,422
-15,0	-1,463	0,04257	0,114	0,809	0,008	0,867	0,866	-34,356	0,809	0,328
-10,0	-0,990	0,03029	0,069	0,810	0,013	0,861	0,878	-32,693	0,335	0,319
-5,0	-0,383	0,02276	0,023	0,810	0,048	0,857	0,878	-16,834	0,335	0,309
0,0	0,101	0,02390	-0,024	0,267	0,310	0,869	0,874	4,217	0,349	0,491
5,0	0,567	0,02724	-0,072	0,036	0,644	0,873	0,873	20,827	0,338	0,376
10,0	1,161	0,03341	-0,118	0,014	0,807	0,874	0,868	34,756	0,340	0,351
15,0	1,582	0,04881	-0,163	0,004	0,808	0,860	0,877	32,419	1,137	0,353
20,0	1,325	0,13645	-0,263	0,003	0,807	0,083	0,898	9,708	-0,153	0,448
25,0	1,217	0,20984	-0,310	0,002	0,808	0,055	0,931	5,802	-0,025	0,505
30,0	1,000	0,31485	-0,352	0,001	0,811	0,041	0,961	3,175	0,058	0,602

Intro. In einer Analysekampagne werden Konturen synthetischer Profile auf ihre Eignung hin untersucht, als Profilform für Leit- und Steuerflächen kleiner Seefahrzeuge eingesetzt zu werden.

Das symmetrische Profil ERpL[p1][p2] (ERpL für **E**lliptic **R**igid **p**er **L**ength) mit den beiden beschreibenden Parametern "spezifische Profildicke p1=d/t[%] und Wölbungsrücklage p2=xf/t [%]" wurde als eine vollständig synthetisierte Tragflügelsektion entwickelt und im Frühjahr 2013 vom deutschen Patentamt DPMA veröffentlicht[8]. Dem Aufsatz ist die technische Beschreibung im Anhang beigestellt.

Messblätter

Es werden potentialtheoretische Untersuchungen zu den synthetischen Profilkonturen der ERpL-Serie durchgeführt. Das symmetrische Profil ERpL[p1][p2] (ERpL für **E**lliptic **R**igid **p**er **L**ength) mit den beiden beschreibenden Parametern "spezifische Profildicke p1=d/t[%] und Wölbungsrücklage p2=xf/t [%]" ist hier gegeben in der Version:

ERpL2080

spezifische Profildicke	p1= **d/t** =	20 [%] und
spezifische Wölbungsrücklage	p2= **xf/t** =	70 [%]

Im Anhang wird dargelegt, auf welche Weise mit diesen beiden Parametern eine Profilkontur der ERpL-Serie vollständig beschrieben wird.

Die Diagramme und die diesen Graphiken zugrunde gelegten Berechnungswerte sprechen für sich und werden in diesem Aufsatz nicht weiter kommentiert.

Die Graphiken betreffen:

- Geschwindigkeitsverteilung des zentral angeströmten ERpL-Profils. Die dargestellten generalisierten Geschwindigkeiten sind nicht signifikant für eine bestimmte Re-Zahl.
- Profilgraphik

---

[8] Fluiddynamisch wirksames Strömungsprofil aus geometrischen Grundfiguren.
  (GM301) DE 20 2013 004 881.6 IPC: F03D 1/06

- Polardiagramm der Auftriebs- und Widerstandsbeiwerte über den Anstellwinkel bei unterschiedlichen Reynoldszahlen für das Medium Wasser.
- Auftriebs- und Widerstandsbeiwerte in einer expliziten Darstellung.
- Stall: Transition und Separation auf der Tragflächenoberseite (Stallseite) über den Anstellwinkel bei unterschiedlichen Reynoldszahlen für das Medium Wasser.

Bezeichnung	Symbol	Einheit	Formel
Profiltiefe (chord length, c)	t	[m]	
generalisierte x-Koordinate	x/l	[%]	
generalisierte y-Koordinate	y/l	[%]	
generalisierte (Kontur-) Geschwindigkeit	v/V	[%]	
Profildicke	d/t	[%]	
Profilwölbung	f/t	[%]	
Wölbungsrücklage	xf/t	[%]	
Nasenradius	r/t	[%]	
Hinterkantenwinkel	τ	[°]	
überströmte Fläche des Flügels	A	[m²]	$A = b \cdot t$
Seitenverhältnis (Flügel)	λ	[-]	$\lambda = A/b^2$
Auftriebsbeiwert (LIFT-Koeffizient)	C_L	[-]	
Widerstandsbeiwert (DRAG-Koeffizient)	C_d	[-]	
Momentenbeiwert MOMENT-Koeffizient)	C_m	[-]	
Druckbeiwert (pressure coefficient)	C_p	[-]	
kritischer Druckbeiwert [9]	$C_p{}^*$	[-]	
Reibungsbeiwert (local friction coefficient)	C_f	[-]	
Gleitzahl	G	[-]	$G = (C_L / C_d)$
Geschwindigkeit in [m/s],	v, w	[ms^{-1}]	
Schallgeschwindigkeit (speed of sound)	a	[ms^{-1}]	
Auftrieb, Querkraft, Lift	L	[N]	$L = c_a \cdot A \cdot v^2 \cdot \rho/2$
Formwiderstand	W_F	[N]	$W_F = c_w \cdot A \cdot v^2 \cdot \rho/2$
Reibungswiderstand	W_R	[N]	$W_R = c_r \cdot A \cdot v^2 \cdot \rho/2$
induzierter Widerstand	W_I	[N]	$W_I = c_I \cdot A \cdot v^2 \cdot \rho/2$
Beiwert glatte Oberfläche, laminar	c_r	[-]	$c_r = 1{,}327 \cdot (Re)^{-1/2}$
Beiwert glatte Oberfläche, turbulent c_r	[-]	$c_r = 0{,}074 \cdot (Re)^{-1/5}$	
Beiwert rauhe Oberfläche, turbulent[10] c_r	[-]	$c_r = 0{,}418 \cdot (2+\lg(t/k))^{-2,53}$	
Beiwert des induzierten Widerstands[11] c_I	[-]	$c_I = \lambda\, c_a^2 / \Pi$	
Liftleistung	P_L	[W]	$P_L = L \cdot v$
Widerstandsleistung	P_{WI}	[W]	$P_{WI} = (W_F + W_R + W_I) \cdot v$
Konturposition	x	[m]	
Lokale Reynolds-Zahl	Re_x	[-]	$Re_x = Re\delta\_2 = v_\infty \cdot x / \nu$
Verdrängungsdicke, Grenzschichtdicke[12]	δ_1	[m]	
Grenzschichtdicke (laminar)[13] $\delta_2=$	δ_{LAM}	[m]	$\delta_{LAM} = 5{,}0 \cdot (Re_x)^{-1/2} \sim x^{1/2}$
Grenzschichtdicke (turbulent)[14] $\delta_3=$	$\delta_{TURB.}$	[m]	$\delta_{TURB} = k(x) \cdot (Re_x)^{-1/2} \sim x^{0.8}$
Konturbeiwert (shape factor12)	H_{12}	[-]	$H_{12} = \delta_1/\delta_2$
Konturbeiwert (shape factor32)	H_{32}	[-]	$H_{32} = \delta_3/\delta_2$

ULT $_{LOWER}$ Umschlagpunkt, Transition: laminar-turbulent, lower surface
ULT$_{UPPER}$ Umschlagpunkt, Transition: laminar-turbulent, upper surface
ABP$_{LOWER}$ Ablösepunkt, Separation, lower surface
ABP $_{UPPER}$ Ablösepunkt, Separation, upper surface

---

[9] kritischer Druckbeiwert (critical pressure coefficient ind. supersonic flow) $C_p{}^*$

[10] Angabe der Rauhigkeit k in [m]. z.B. gilt als glatt: k= 0,001[mm] = 10^{-3} [mm] = 10^{-6} [m].

[11] gemäß elliptischer Auftriebsverteilung nach Prandtl

[12] Grenzschichtdicke (displacement thickness) δ_1

[13] auch ImpulsverlustDicke (momentum loss thickness)

[14] Dicke der turbulenten Grenzschicht (ebene Platte) $\delta_{TURB.} = k(x)(Re_x)^{-1/2}$. Der empirische Faktor k entspricht der Ordinate k=y(x), im Falle der ebenen Platte. Auch EnergieDickenbeiwert (energy loss thickness)

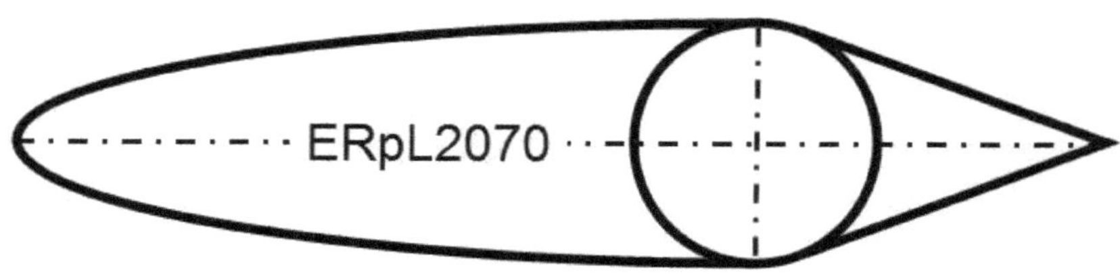

X/t	Y/t
1,00000000	0,00000000
0,99419202	0,00501801
0,98263670	0,00989242
0,96610752	0,01576443
0,94534900	0,02349447
0,92043135	0,03286810
0,89161281	0,04383471
0,85907511	0,05603659
0,82322412	0,06959964
0,78436506	0,08429070
0,74280185	0,09978430
0,69830085	0,11094070
0,64976344	0,11616698
0,59964265	0,11489189
0,54858083	0,11328894
0,49698216	0,11200659
0,44548775	0,10879709
0,39447929	0,10532250
0,34449708	0,10124639
0,29606706	0,09631997
0,24969529	0,09043639
0,20581758	0,08393925
0,16492506	0,07663123
0,12745090	0,06858902
0,09377719	0,06002252
0,06447139	0,05043596
0,03990438	0,04024394
0,02068281	0,02922760
0,00785377	0,01737212

0,00139223	0,00613938
-0,00000020	-0,00132360
0,00136977	-0,00878830
0,00786571	-0,01998086
0,02075316	-0,03177483
0,03987283	-0,04295105
0,06439311	-0,05332567
0,09377551	-0,06268099
0,12742277	-0,07137311
0,16494144	-0,07924774
0,20583169	-0,08659492
0,24972942	-0,09298675
0,29609292	-0,09893957
0,34452537	-0,10389801
0,39449660	-0,10819966
0,44551708	-0,11174420
0,49708334	-0,11451026
0,54867533	-0,11640984
0,59976721	-0,11780123
0,64992425	-0,11782603
0,69845554	-0,11253505
0,74280527	-0,10080977
0,78426942	-0,08503921
0,82311944	-0,07031096
0,85894637	-0,05666839
0,89143578	-0,04432862
0,92021695	-0,03325129
0,94516214	-0,02393478
0,96588238	-0,01607331
0,98207998	-0,00954087
0,99325158	-0,00363940
1,00000000	0,00000000

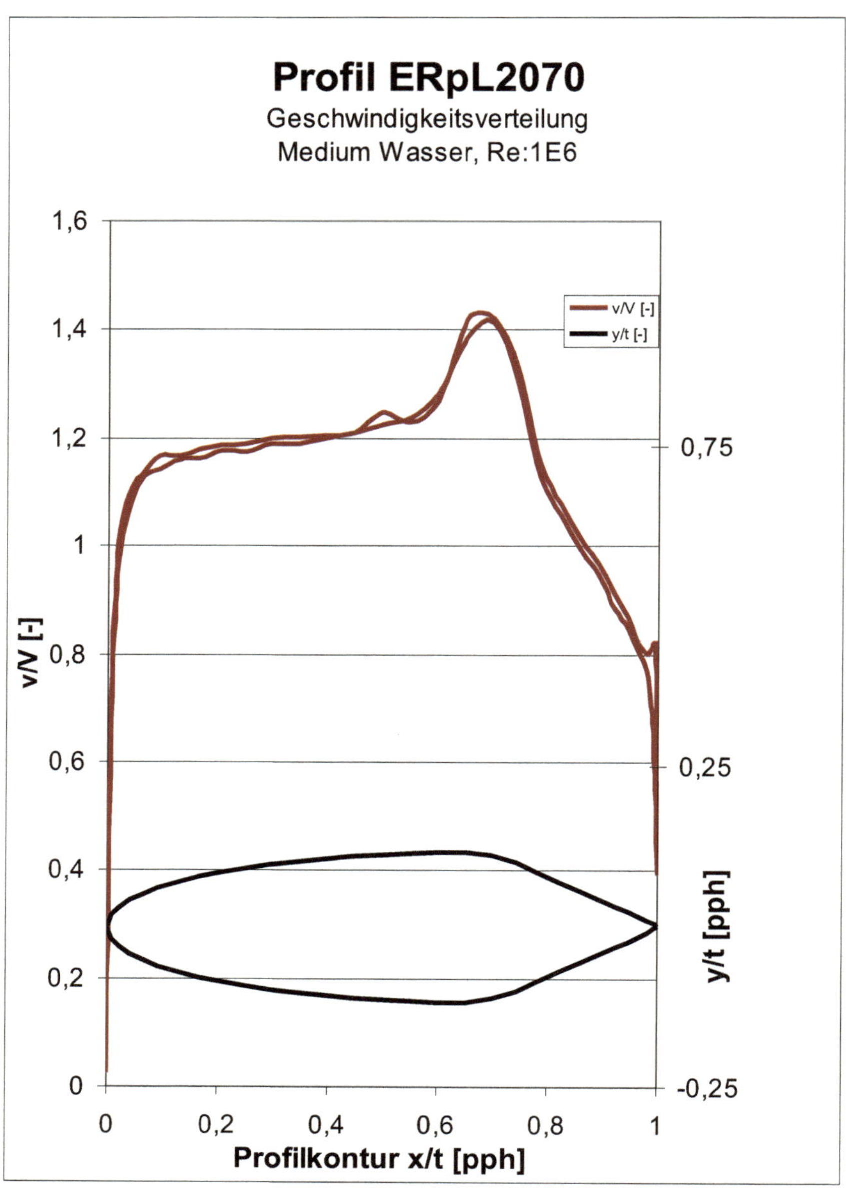

Profil ERpL2070
Geschwindigkeitsverteilung
Medium Wasser, Re:1E6
v/V [-]
y/t [-]
1,6
1,4
1,2
1
0,8
0,6
0,4
0,2
0
0,75
0,25
-0,25
v/V [-]
y/t [pph]
0
0,2
0,4
0,6
0,8
1
Profilkontur x/t [pph]

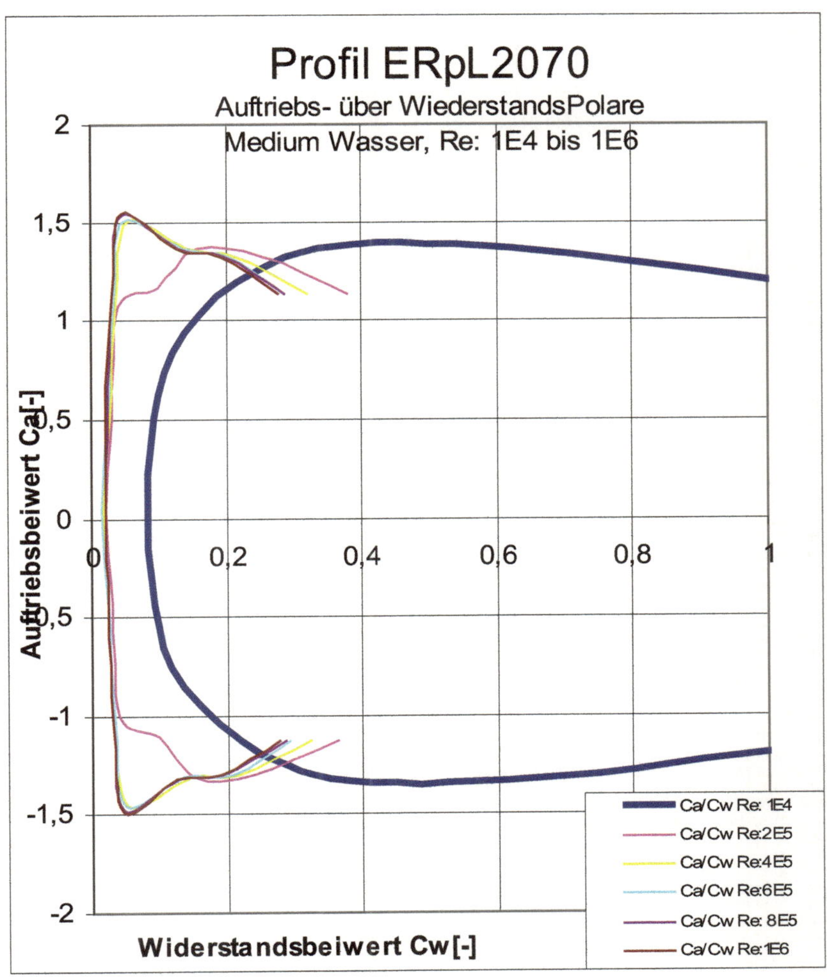

Profil ERpL2070
Auftriebs- über WiederstandsPolare
Medium Wasser, Re: 1E4 bis 1E6
2
1,5
1
0,5
0
0,5
1
1,5
2
Auftriebsbeiwert Ca[-]
0
0,2
0,4
0,6
0,8
1
Widerstandsbeiwert Cw[-]
Ca/Cw Re: 1E4
Ca/Cw Re:2E5
Ca/Cw Re:4E5
Ca/Cw Re:6E5
Ca/Cw Re: 8E5
Ca/Cw Re:1E6

x/l	y/l	v/V	δ_1	δ_2	δ_3	Reδ_2	C_f	H_12	H_32	Zust.	y1
[-]	[-]	[-]	[-]	[-]	[-]	[-]	[-]	[-]	[-]	[-]	[%]
1,0000	0,0000	0,3925	0,004613	0,010168	0,002409	399,1	0,0000	0,4537	0,2369	abgel.	0,0000
0,9942	0,0050	0,8201	0,004613	0,010168	0,002409	833,9	0,0000	0,4537	0,2369	abgel.	0,0000
0,9826	0,0099	0,8019	0,004613	0,010168	0,002409	815,4	0,0000	0,4537	0,2369	abgel.	0,0000
0,9661	0,0158	0,8168	0,004613	0,010168	0,002409	830,5	0,0000	0,4537	0,2369	abgel.	0,0000
0,9453	0,0235	0,8659	0,004613	0,010168	0,002409	880,4	0,0000	0,4537	0,2369	abgel.	0,0000
0,9204	0,0329	0,9117	0,004613	0,010168	0,002409	927,0	0,0000	0,4537	0,2369	abgel.	0,0000
0,8916	0,0438	0,9658	0,004613	0,010168	0,002409	982,0	0,0000	0,4537	0,2369	abgel.	0,0000
0,8591	0,0560	1,0125	0,004613	0,010168	0,002409	1029,5	0,0000	0,4537	0,2369	abgel.	0,0000
0,8232	0,0696	1,0750	0,004613	0,010168	0,002409	1093,0	0,0000	0,4537	0,2369	abgel.	0,0000
0,7844	0,0843	1,1543	0,004613	0,010168	0,002409	1173,6	0,0000	0,4537	0,2369	turb.	0,0000
0,7428	0,0998	1,3315	0,002463	0,001069	0,001721	152,0	0,0043	2,3034	1,6092	lam.	0,0216
0,6983	0,1109	1,4213	0,001805	0,000935	0,001577	133,0	0,0085	1,9312	1,6873	lam.	0,0153
0,6498	0,1162	1,4190	0,002777	0,001232	0,001993	156,5	0,0044	2,2540	1,6176	lam.	0,0212
0,5996	0,1149	1,2707	0,003532	0,001326	0,002075	163,0	0,0025	2,6635	1,5650	lam.	0,0285
0,5486	0,1133	1,2289	0,002600	0,001151	0,001860	143,6	0,0048	2,2590	1,6167	lam.	0,0204
0,4970	0,1120	1,2482	0,003055	0,001206	0,001905	145,8	0,0033	2,5332	1,5794	lam.	0,0247
0,4455	0,1088	1,2087	0,002919	0,001140	0,001798	137,3	0,0034	2,5594	1,5762	lam.	0,0244
0,3945	0,1053	1,2043	0,002681	0,001058	0,001670	127,2	0,0038	2,5349	1,5791	lam.	0,0231
0,3445	0,1012	1,2029	0,002423	0,000974	0,001544	117,0	0,0044	2,4868	1,5851	lam.	0,0214
0,2961	0,0963	1,2000	0,002332	0,000911	0,001435	108,2	0,0042	2,5614	1,5760	lam.	0,0217
0,2497	0,0904	1,1887	0,002058	0,000816	0,001290	96,8	0,0050	2,5221	1,5807	lam.	0,0200
0,2058	0,0839	1,1868	0,001825	0,000728	0,001152	85,8	0,0058	2,5072	1,5826	lam.	0,0186
0,1649	0,0766	1,1791	0,001670	0,000647	0,001018	75,5	0,0059	2,5831	1,5735	lam.	0,0184
0,1275	0,0686	1,1668	0,001295	0,000528	0,000839	61,6	0,0087	2,4527	1,5894	lam.	0,0152
0,0938	0,0600	1,1670	0,001102	0,000447	0,000709	50,8	0,0104	2,4675	1,5876	lam.	0,0139
0,0645	0,0504	1,1364	0,000810	0,000337	0,000537	37,1	0,0154	2,4066	1,5956	lam.	0,0114
0,0399	0,0402	1,1037	0,000534	0,000234	0,000378	24,3	0,0278	2,2804	1,6133	lam.	0,0085
0,0207	0,0292	1,0283	0,000374	0,000167	0,000270	13,5	0,0527	2,2397	1,6195	lam.	0,0062
0,0079	0,0174	0,8021	0,000286	0,000128	0,000207	5,4	0,1333	2,2353	1,6202	lam.	0,0039
0,0014	0,0061	0,4174	0,000248	0,000111	0,000179	1,2	0,0001	2,2364	1,6200	lam.	0,1414
-0,0000	-0,0013	0,0258	0,000001	0,000000	0,000001	0,0	0,0000	2,2364	1,6200	lam.	0,0000
0,0014	-0,0088	0,3730	0,000259	0,000116	0,000188	1,1	0,0001	2,2364	1,6200	lam.	0,1414
0,0079	-0,0200	0,7643	0,000303	0,000136	0,000220	5,1	0,1413	2,2353	1,6202	lam.	0,0038
0,0208	-0,0318	0,9873	0,000372	0,000166	0,000269	12,7	0,0562	2,2379	1,6198	lam.	0,0060
0,0399	-0,0430	1,0798	0,000537	0,000236	0,000380	23,3	0,0291	2,2811	1,6132	lam.	0,0083
0,0644	-0,0533	1,1292	0,000797	0,000336	0,000538	36,5	0,0165	2,3707	1,6005	lam.	0,0110
0,0938	-0,0627	1,1424	0,001033	0,000426	0,000678	48,1	0,0116	2,4269	1,5928	lam.	0,0131
0,1274	-0,0714	1,1586	0,001359	0,000539	0,000851	61,5	0,0079	2,5235	1,5806	lam.	0,0159
0,1649	-0,0792	1,1614	0,001579	0,000633	0,001003	73,4	0,0069	2,4952	1,5841	lam.	0,0170
0,2058	-0,0866	1,1763	0,001882	0,000735	0,001158	85,3	0,0054	2,5607	1,5761	lam.	0,0192
0,2497	-0,0930	1,1731	0,002001	0,000807	0,001280	95,0	0,0054	2,4784	1,5861	lam.	0,0192
0,2961	-0,0989	1,1888	0,002379	0,000916	0,001440	107,5	0,0041	2,5969	1,5719	lam.	0,0221
0,3445	-0,1039	1,1896	0,002374	0,000966	0,001534	114,8	0,0046	2,4585	1,5887	lam.	0,0208
0,3945	-0,1082	1,1987	0,002697	0,001059	0,001670	126,0	0,0037	2,5470	1,5777	lam.	0,0232
0,4455	-0,1117	1,2089	0,002781	0,001116	0,001769	133,8	0,0038	2,4913	1,5845	lam.	0,0230
0,4971	-0,1145	1,2235	0,002878	0,001169	0,001857	141,4	0,0037	2,4611	1,5883	lam.	0,0231
0,5487	-0,1164	1,2378	0,002906	0,001206	0,001923	147,6	0,0038	2,4099	1,5949	lam.	0,0228
0,5998	-0,1178	1,2832	0,002969	0,001242	0,001983	153,7	0,0038	2,3911	1,5974	lam.	0,0230
0,6499	-0,1178	1,3850	0,002578	0,001175	0,001911	150,7	0,0050	2,1944	1,6271	lam.	0,0200
0,6985	-0,1125	1,4128	0,002008	0,001002	0,001669	138,8	0,0072	2,0038	1,6657	lam.	0,0167
0,7428	-0,1008	1,3053	0,002341	0,001059	0,001719	149,6	0,0049	2,2115	1,6238	lam.	0,0202
0,7843	-0,0850	1,1296	0,004553	0,021995	0,002411	2484,5	0,0000	0,2070	0,1096	turb.	0,0000
0,8231	-0,0703	1,0563	0,004553	0,021995	0,002411	2323,3	0,0000	0,2070	0,1096	abgel.	0,0000
0,8589	-0,0567	0,9940	0,004553	0,021995	0,002411	2186,4	0,0000	0,2070	0,1096	abgel.	0,0000
0,8914	-0,0443	0,9439	0,004553	0,021995	0,002411	2076,1	0,0000	0,2070	0,1096	abgel.	0,0000
0,9202	-0,0333	0,8854	0,004553	0,021995	0,002411	1947,4	0,0000	0,2070	0,1096	abgel.	0,0000
0,9452	-0,0239	0,8466	0,004553	0,021995	0,002411	1862,2	0,0000	0,2070	0,1096	abgel.	0,0000
0,9659	-0,0161	0,8016	0,004553	0,021995	0,002411	1763,1	0,0000	0,2070	0,1096	abgel.	0,0000
0,9821	-0,0095	0,7554	0,004553	0,021995	0,002411	1661,6	0,0000	0,2070	0,1096	abgel.	0,0000
0,9933	-0,0036	0,6329	0,004553	0,021995	0,002411	1392,0	0,0000	0,2070	0,1096	abgel.	0,0000
1,0000	0,0000	0,3925	0,004553	0,021995	0,002411	863,3	0,0000	0,2070	0,1096	abgel.	0,0000

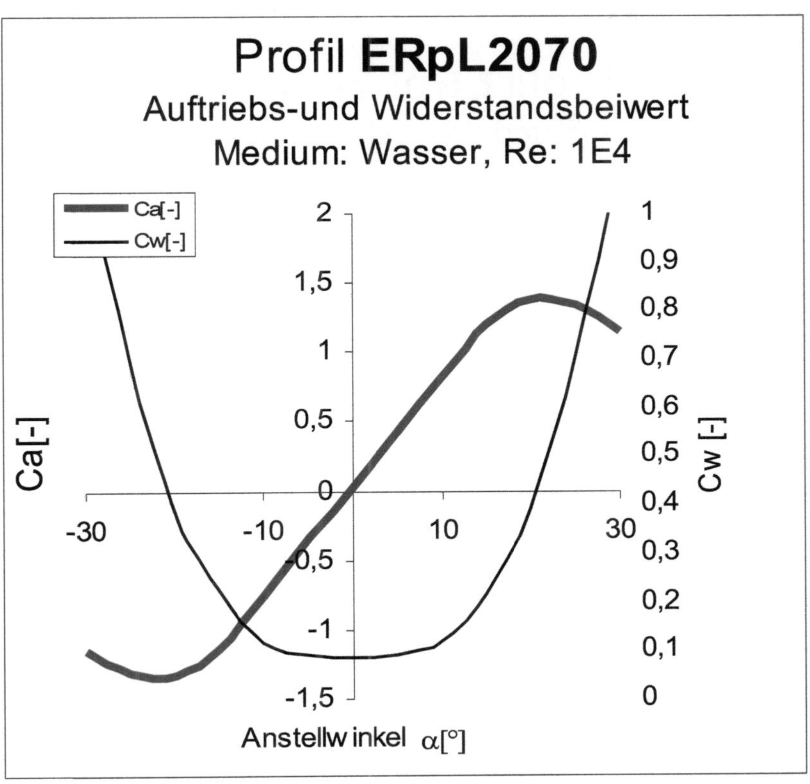

Profil **ERpL2070**
Auftriebs-und Widerstandsbeiwert
Medium: Wasser, Re: 1E4
Ca[-]
Cw[-]
Ca[-]
Cw [-]
2
1,5
1
0,5
0
-0,5
-1
-1,5
1
0,9
0,8
0,7
0,6
0,5
0,4
0,3
0,2
0,1
0
-30
-10
10
30
Anstellwinkel α[°]

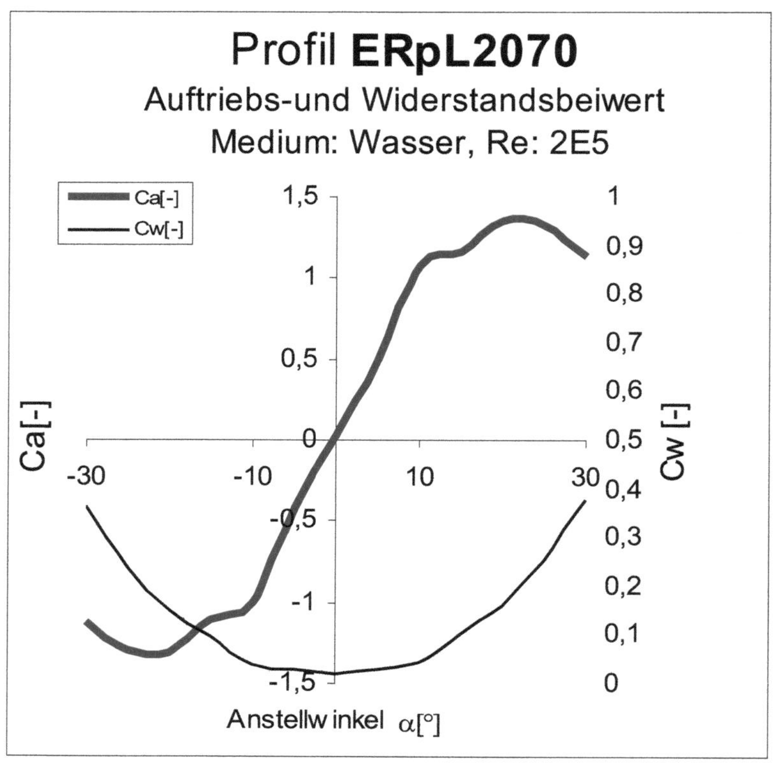
Profil ERpL2070
Auftriebs-und Widerstandsbeiwert
Medium: Wasser, Re: 2E5
Ca[-]
Cw[-]
Ca[-]
Cw [-]
1,5
1
0,5
0
-0,5
-1
-1,5
1
0,9
0,8
0,7
0,6
0,5
0,4
0,3
0,2
0,1
0
-30
-10
10
30
Anstellwinkel α[°]

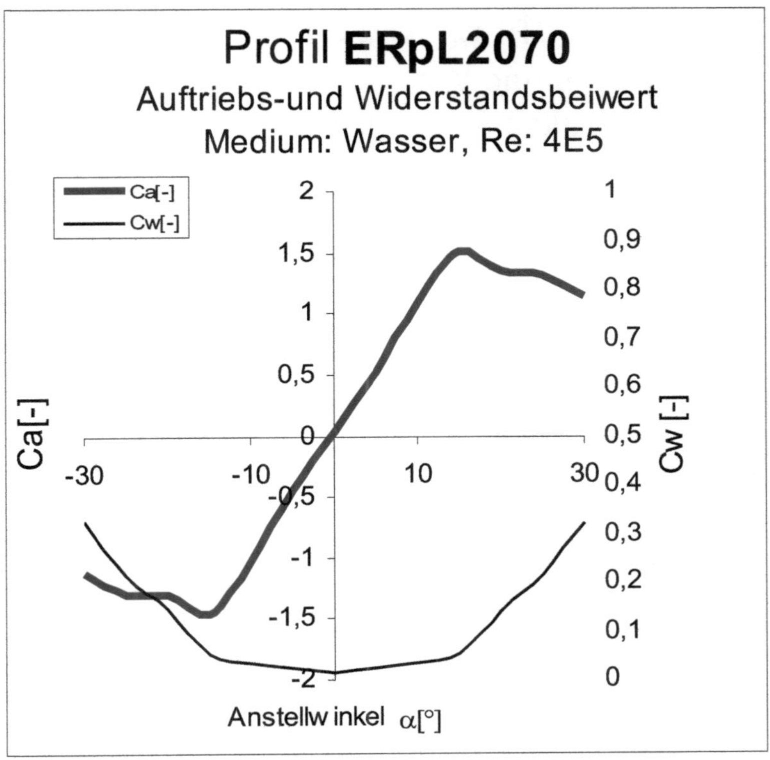
Profil ERpL2070
Auftriebs-und Widerstandsbeiwert
Medium: Wasser, Re: 4E5
Ca[-]
Cw[-]
Ca[-]
Cw [-]
2
1,5
1
0,5
0
-0,5
-1
-1,5
-2
1
0,9
0,8
0,7
0,6
0,5
0,4
0,3
0,2
0,1
0
-30
-10
10
30
Anstellwinkel α[°]

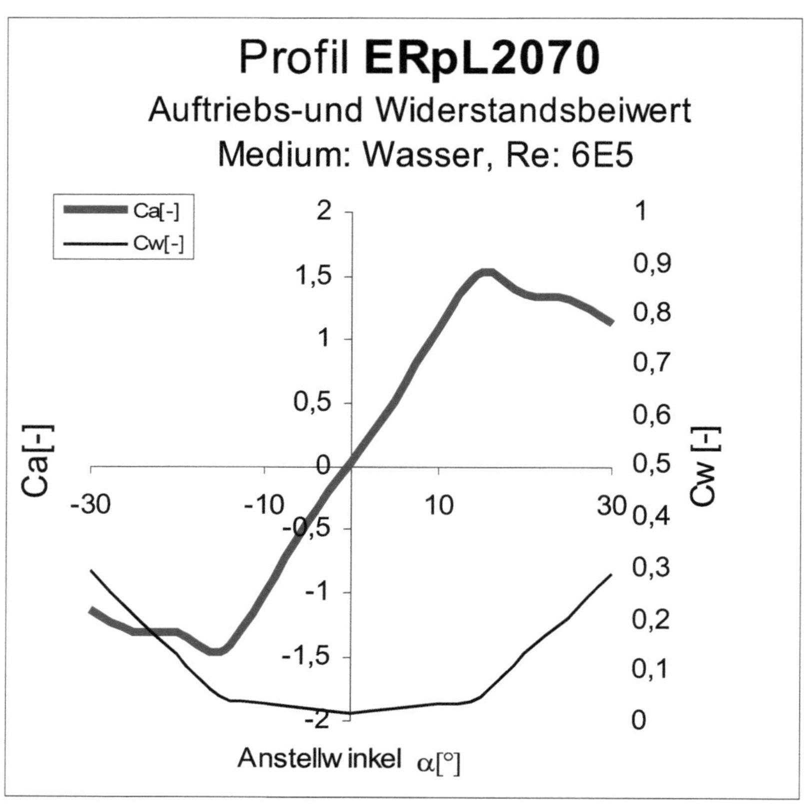

Profil ERpL2070
Auftriebs-und Widerstandsbeiwert
Medium: Wasser, Re: 6E5
Ca[-]
Cw[-]
Ca[-]
Cw [-]
2
1,5
1
0,5
0
-0,5
-1
-1,5
-2
1
0,9
0,8
0,7
0,6
0,5
0,4
0,3
0,2
0,1
0
-30
-10
10
30
Anstellwinkel α[°]

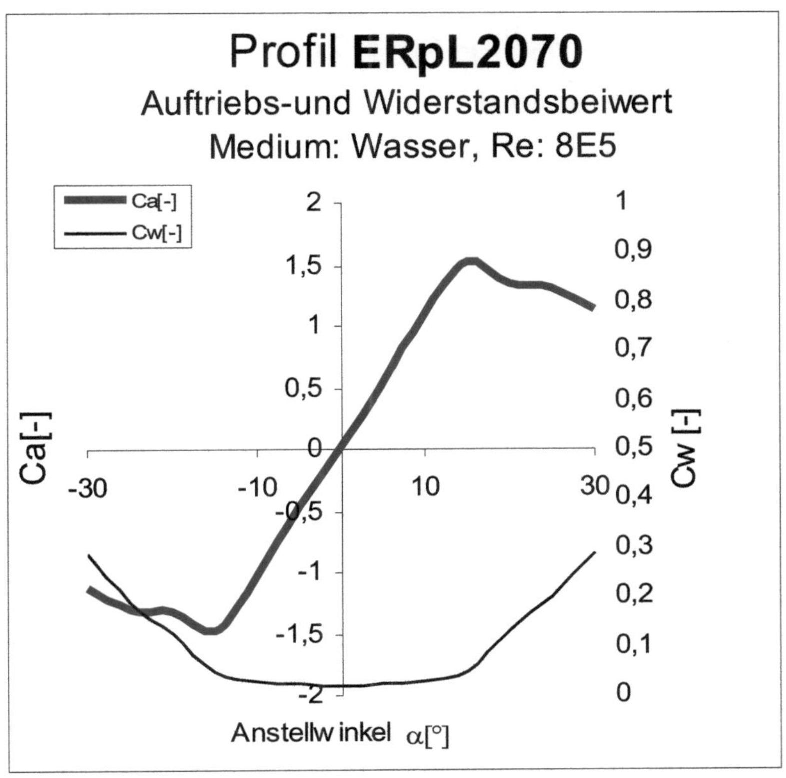
Profil ERpL2070
Auftriebs-und Widerstandsbeiwert
Medium: Wasser, Re: 8E5
Ca[-]
Cw[-]
Ca[-]
Cw [-]
2
1,5
1
0,5
0
-0,5
-1
-1,5
-2
1
0,9
0,8
0,7
0,6
0,5
0,4
0,3
0,2
0,1
0
-30
-10
10
30
Anstellwinkel α[°]

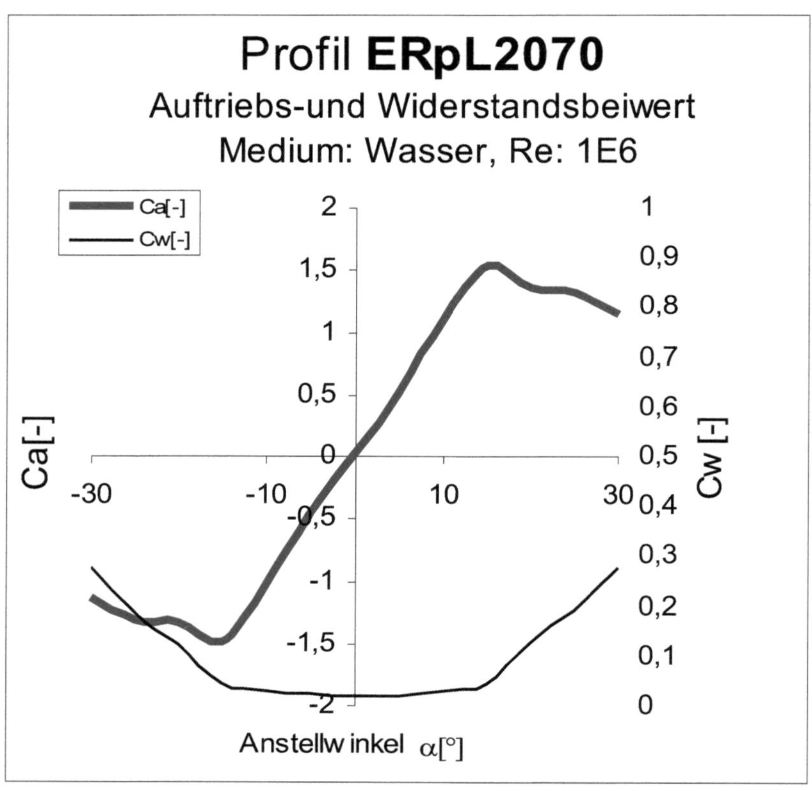

Profil ERpL2070
Auftriebs-und Widerstandsbeiwert
Medium: Wasser, Re: 1E6
Ca[-]
Cw[-]
Ca[-]
Cw [-]
2
1,5
1
0,5
0
-0,5
-1
-1,5
-2
1
0,9
0,8
0,7
0,6
0,5
0,4
0,3
0,2
0,1
0
-30
-10
10
30
Anstellwinkel α[°]

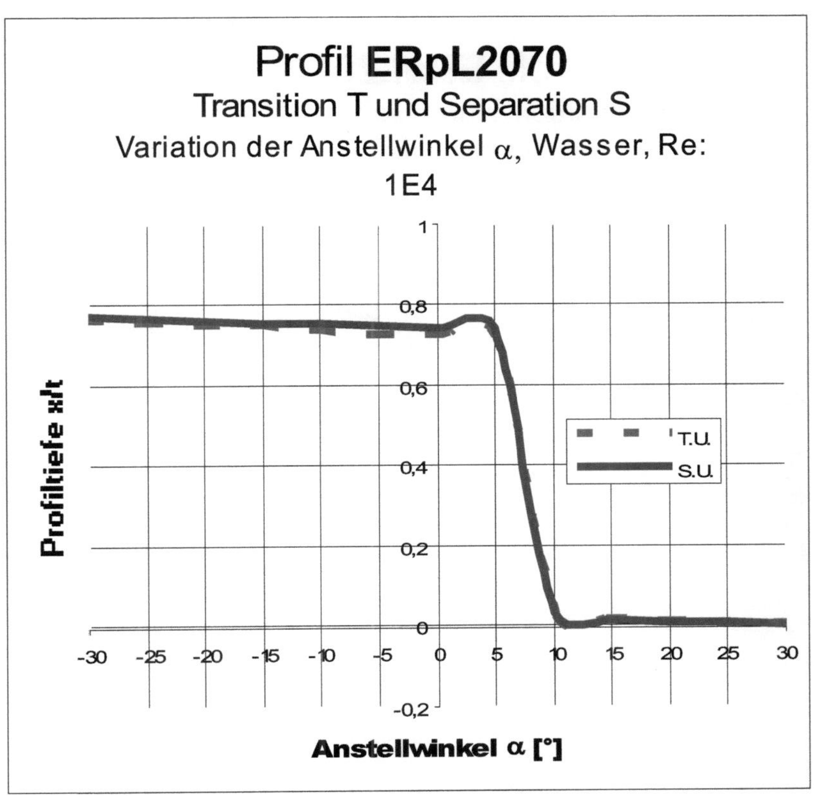

Profil ERpL2070
Transition T und Separation S
Variation der Anstellwinkel α, Wasser, Re:
1E4
Profiltiefe x/t
T.U.
S.U.
Anstellwinkel α [°]
-30
-25
-20
-15
-10
-5
0
5
10
15
20
25
30
1
0,8
0,6
0,4
0,2
0
-0,2

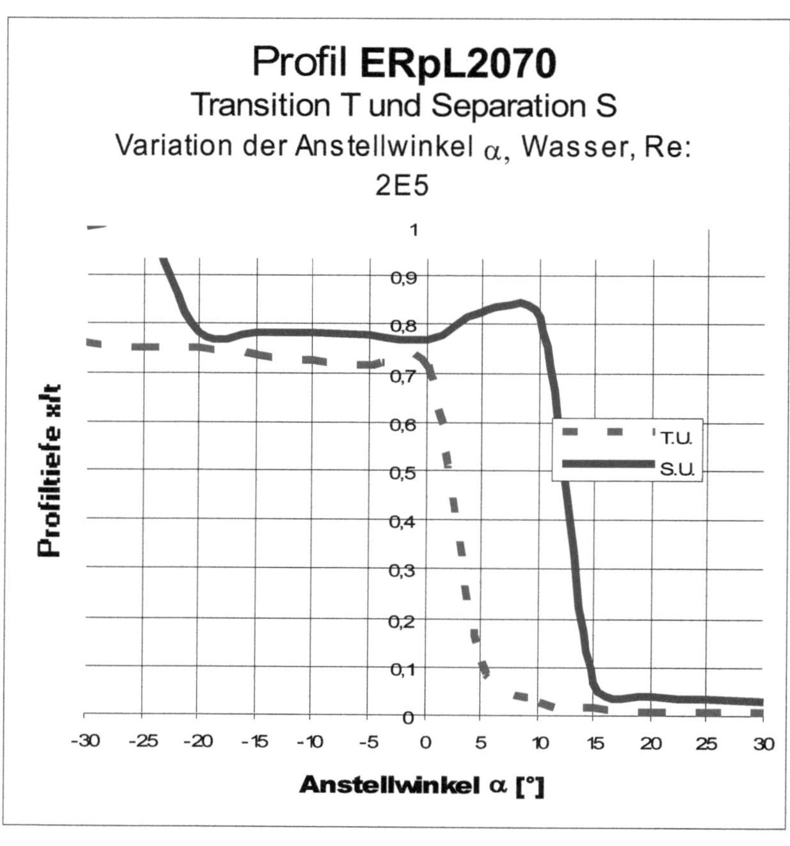

Profil ERpL2070
Transition T und Separation S
Variation der Anstellwinkel α, Wasser, Re: 2E5
Profiltiefe x/t
Anstellwinkel α [°]
T.U.
S.U.

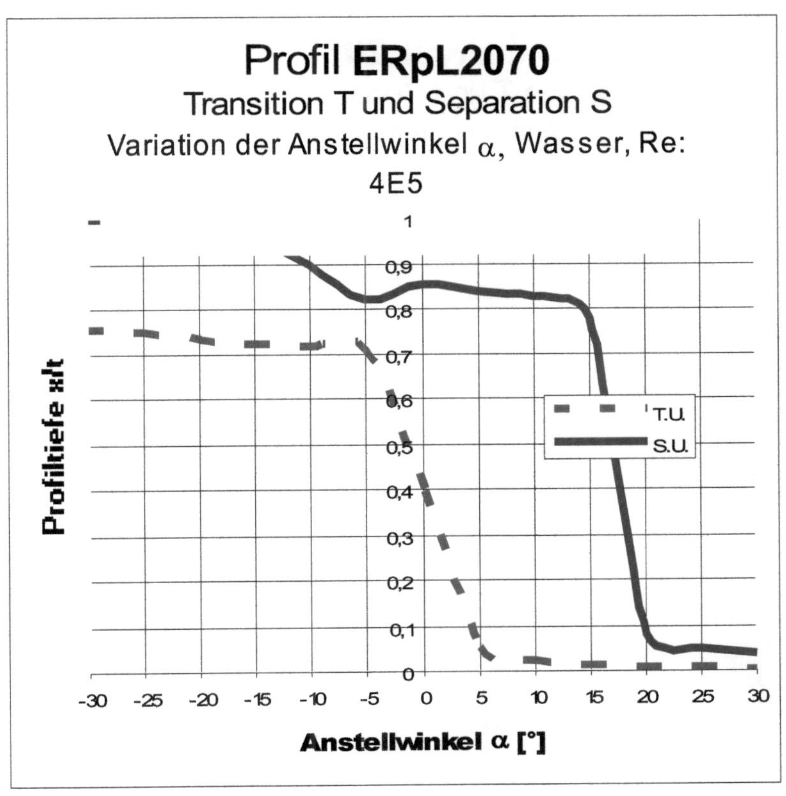
Profil ERpL2070
Transition T und Separation S
Variation der Anstellwinkel α, Wasser, Re:
4E5
Profiltiefe x/t
1
0,9
0,8
0,7
0,6
0,5
0,4
0,3
0,2
0,1
0
T.U.
S.U.
-30
-25
-20
-15
-10
-5
0
5
10
15
20
25
30
Anstellwinkel α [°]

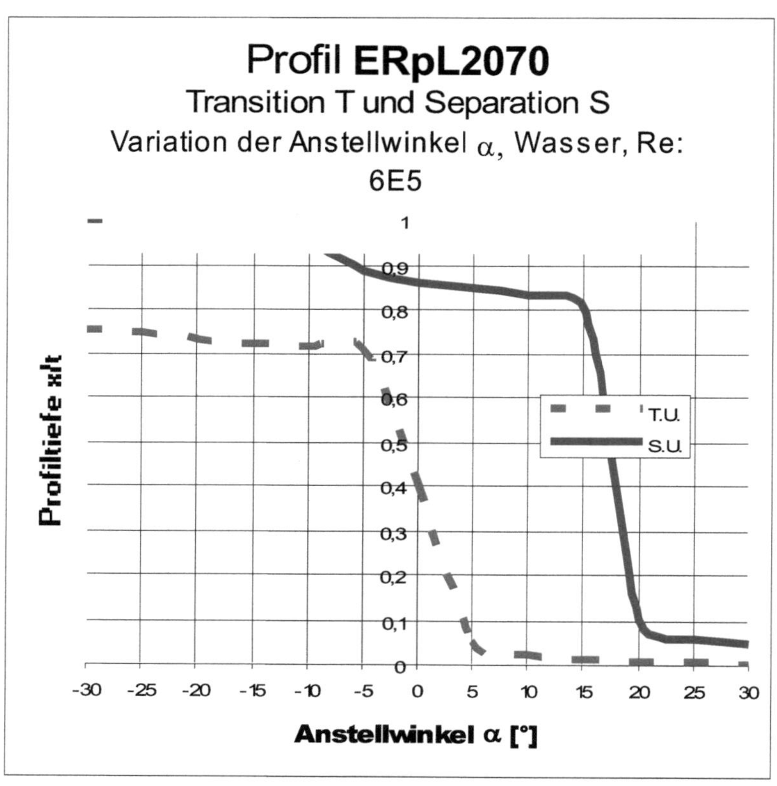

Profil ERpL2070
Transition T und Separation S
Variation der Anstellwinkel α, Wasser, Re: 6E5
Profiltiefe x/t
1
0,9
0,8
0,7
0,6
0,5
0,4
0,3
0,2
0,1
0
T.U.
S.U.
-30
-25
-20
-15
-10
-5
0
5
10
15
20
25
30
Anstellwinkel α [°]

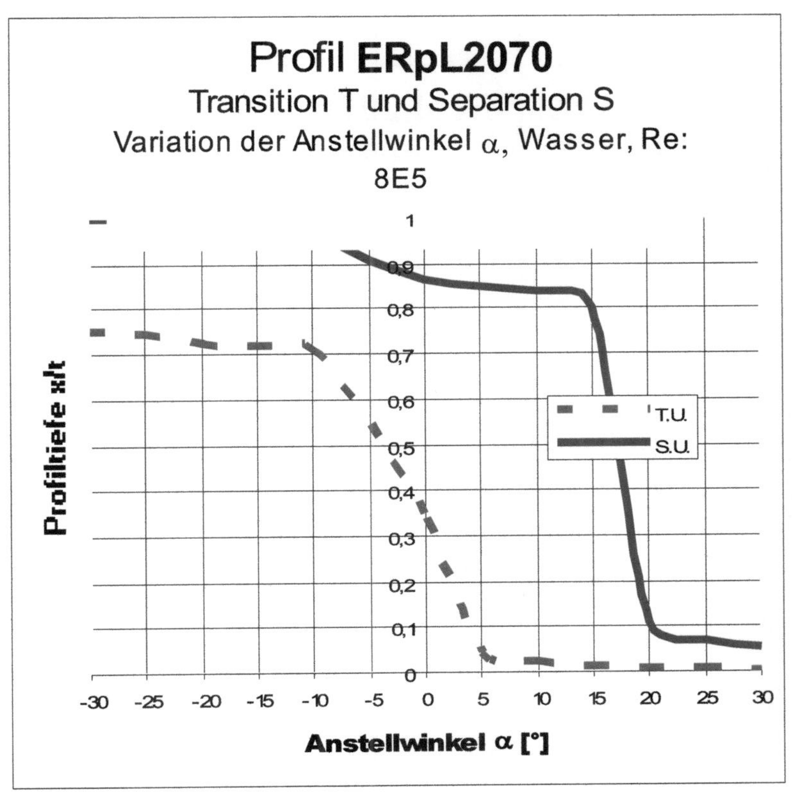
Profil ERpL2070
Transition T und Separation S
Variation der Anstellwinkel α, Wasser, Re:
8E5
Profiltiefe x/t
1
0,9
0,8
0,7
0,6
0,5
0,4
0,3
0,2
0,1
0
-30 -25 -20 -15 -10 -5 0 5 10 15 20 25 30
Anstellwinkel α [°]
T.U.
S.U.

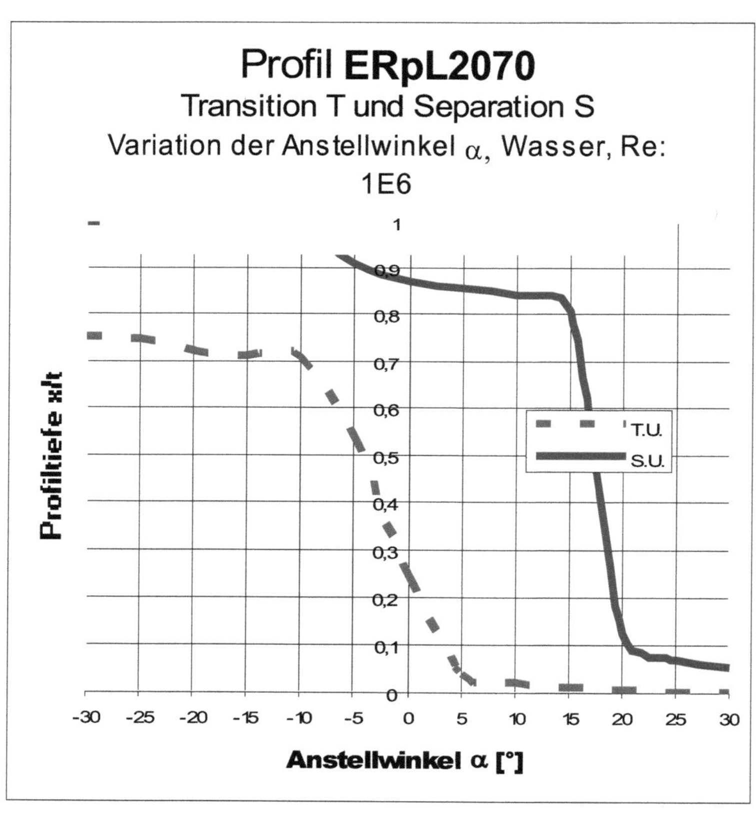
Profil ERpL2070
Transition T und Separation S
Variation der Anstellwinkel α, Wasser, Re:
1E6
Profiltiefe x/t
T.U.
S.U.
1
0,9
0,8
0,7
0,6
0,5
0,4
0,3
0,2
0,1
0
-30 -25 -20 -15 -10 -5 0 5 10 15 20 25 30
Anstellwinkel α [°]

1E4

α [°]	Ca [-]	Cw [-]	Cm 0.25 [-]	T.U. [-]	T.L. [-]	S.U. [-]	S.L. [-]	GZ [-]	N.P. [-]	D.P.
-30,0	-1,136	1,12155	0,288	0,758	0,004	0,774	0,006	-1,013	0,020	0,504
-25,0	-1,310	0,70399	0,248	0,752	0,005	0,765	0,007	-1,861	-0,195	0,439
-20,0	-1,327	0,38056	0,203	0,747	0,007	0,759	0,011	-3,488	0,778	0,403
-15,0	-1,131	0,22100	0,154	0,746	0,013	0,755	0,018	-5,117	0,429	0,386
-10,0	-0,759	0,11899	0,101	0,734	0,026	0,752	0,036	-6,377	0,396	0,383
-5,0	-0,334	0,08952	0,037	0,726	0,724	0,747	0,738	-3,735	0,391	0,361
0,0	0,036	0,08379	-0,011	0,725	0,724	0,744	0,741	0,425	0,378	0,555
5,0	0,411	0,09095	-0,058	0,725	0,724	0,743	0,743	4,515	0,389	0,392
10,0	0,835	0,12181	-0,122	0,026	0,729	0,033	0,747	6,853	0,396	0,396
15,0	1,195	0,21797	-0,173	0,013	0,734	0,018	0,752	5,483	0,431	0,394
20,0	1,378	0,39153	-0,220	0,007	0,744	0,011	0,756	3,519	0,895	0,410
25,0	1,335	0,71184	-0,263	0,005	0,750	0,007	0,764	1,875	-0,097	0,447
30,0	1,147	1,10503	-0,300	0,004	0,756	0,006	0,772	1,038	0,051	0,512

2E5

α [°]	Ca [-]	Cw [-]	Cm 0.25 [-]	T.U. [-]	T.L. [-]	S.U. [-]	S.L. [-]	GZ [-]	N.P. [-]	D.P.
-30,0	-1,127	0,36572	0,290	0,758	0,003	1,000	0,024	-3,081	0,016	0,508
-25,0	-1,298	0,23902	0,251	0,750	0,004	1,000	0,032	-5,429	-0,218	0,443
-20,0	-1,309	0,15173	0,205	0,746	0,007	0,780	0,040	-8,627	0,727	0,407
-15,0	-1,102	0,09782	0,157	0,734	0,013	0,784	0,095	-11,268	0,666	0,393
-10,0	-1,002	0,04039	0,078	0,723	0,026	0,783	0,813	-24,815	0,433	0,327
-5,0	-0,424	0,02989	0,033	0,715	0,094	0,775	0,825	-14,197	0,335	0,328
0,0	0,036	0,02174	-0,011	0,715	0,716	0,769	0,763	1,638	0,345	0,555
5,0	0,501	0,03029	-0,054	0,109	0,717	0,829	0,768	16,539	0,334	0,359
10,0	1,074	0,04179	-0,098	0,026	0,721	0,816	0,775	25,700	0,431	0,341
15,0	1,170	0,09983	-0,175	0,013	0,726	0,069	0,781	11,723	0,684	0,400
20,0	1,360	0,15899	-0,222	0,007	0,740	0,039	0,783	8,556	0,841	0,413
25,0	1,322	0,25456	-0,265	0,005	0,749	0,033	0,982	5,195	-0,112	0,451
30,0	1,138	0,38063	-0,303	0,003	0,756	0,028	0,992	2,990	0,047	0,516

4E5

α [°]	Ca [-]	Cw [-]	Cm 0.25 [-]	T.U. [-]	T.L. [-]	S.U. [-]	S.L. [-]	GZ [-]	N.P. [-]	D.P.
-30,0	-1,126	0,32641	0,292	0,753	0,003	1,000	0,039	-3,449	0,017	0,509
-25,0	-1,296	0,21588	0,252	0,747	0,004	1,000	0,053	-6,003	-0,214	0,445
-20,0	-1,307	0,14418	0,208	0,740	0,005	1,000	0,085	-9,065	-0,586	0,409
-15,0	-1,450	0,05254	0,124	0,723	0,011	0,962	0,781	-27,589	0,700	0,336
-10,0	-1,015	0,03539	0,077	0,717	0,023	0,897	0,823	-28,667	0,340	0,325
-5,0	-0,437	0,02574	0,033	0,711	0,079	0,819	0,836	-16,958	0,333	0,325
0,0	0,036	0,01707	-0,011	0,538	0,712	0,855	0,780	2,087	0,341	0,555
5,0	0,513	0,02649	-0,054	0,062	0,712	0,840	0,796	19,366	0,332	0,355
10,0	1,085	0,03649	-0,097	0,023	0,717	0,825	0,851	29,730	0,340	0,339
15,0	1,507	0,05420	-0,143	0,011	0,718	0,780	0,947	27,802	0,719	0,345
20,0	1,358	0,14226	-0,225	0,006	0,729	0,082	0,984	9,543	-0,416	0,416
25,0	1,321	0,21358	-0,267	0,004	0,746	0,051	0,990	6,187	-0,109	0,452

α [°]	Ca [-]	Cw [-]	Cm 0.25 [-]	T.U. [-]	T.L. [-]	S.U. [-]	S.L. [-]	GZ [-]	N.P. [-]	D.P.
30,0	1,138	0,32120	-0,304	0,002	0,753	0,040	0,993	3,542	0,048	0,517

5E5

α [°]	Ca [-]	Cw [-]	Cm 0.25 [-]	T.U. [-]	T.L. [-]	S.U. [-]	S.L. [-]	GZ [-]	N.P. [-]	D.P.
-30,0	-1,127	0,29413	0,293	0,752	0,002	1,000	0,049	-3,831	0,017	0,510
-25,0	-1,297	0,20616	0,254	0,746	0,003	1,000	0,067	-6,290	-0,201	0,446
-20,0	-1,312	0,13255	0,210	0,729	0,005	1,000	0,118	-9,896	-0,529	0,410
-15,0	-1,465	0,04974	0,122	0,718	0,010	1,000	0,793	-29,458	0,711	0,334
-10,0	-1,022	0,03272	0,076	0,712	0,021	0,950	0,829	-31,229	0,338	0,324
-5,0	-0,443	0,02375	0,032	0,708	0,070	0,884	0,842	-18,639	0,332	0,323
0,0	0,036	0,01668	-0,011	0,393	0,709	0,859	0,814	2,136	0,339	0,555
5,0	0,519	0,02447	-0,054	0,053	0,709	0,846	0,859	21,213	0,330	0,353
10,0	1,095	0,03362	-0,096	0,022	0,714	0,833	0,922	32,577	0,337	0,338
15,0	1,528	0,04978	-0,141	0,010	0,715	0,796	0,978	30,695	0,741	0,342
20,0	1,360	0,13675	-0,226	0,005	0,723	0,104	0,987	9,945	-0,364	0,416
25,0	1,322	0,20415	-0,268	0,003	0,741	0,062	0,992	6,474	-0,105	0,453
30,0	1,139	0,28941	-0,305	0,002	0,750	0,049	0,994	3,934	0,047	0,518

8E5

α [°]	Ca [-]	Cw [-]	Cm 0.25 [-]	T.U. [-]	T.L. [-]	S.U. [-]	S.L. [-]	GZ [-]	N.P. [-]	D.P.
-30,0	-1,127	0,28813	0,294	0,750	0,002	1,000	0,053	-3,912	0,020	0,510
-25,0	-1,298	0,19194	0,254	0,744	0,003	1,000	0,076	-6,764	-0,187	0,446
-20,0	-1,317	0,12712	0,211	0,724	0,005	1,000	0,141	-10,35	-0,503	0,410
-15,0	-1,475	0,04711	0,121	0,715	0,010	1,000	0,800	-31,30	0,716	0,332
-10,0	-1,027	0,03124	0,076	0,709	0,018	0,966	0,833	-32,87	0,337	0,324
-5,0	-0,449	0,02415	0,032	0,544	0,063	0,907	0,847	-18,581	0,331	0,321
0,0	0,036	0,02017	-0,011	0,338	0,337	0,865	0,863	1,765	0,338	0,555
5,0	0,524	0,02335	-0,053	0,043	0,708	0,850	0,900	22,419	0,330	0,352
10,0	1,101	0,03181	-0,096	0,021	0,711	0,838	0,957	34,603	0,335	0,337
15,0	1,538	0,04729	-0,140	0,009	0,712	0,803	0,985	32,517	0,752	0,341
20,0	1,361	0,13150	-0,227	0,004	0,720	0,112	0,988	10,353	-0,345	0,416
25,0	1,322	0,19939	-0,268	0,003	0,732	0,067	0,993	6,632	-0,105	0,453
30,0	1,139	0,28727	-0,305	0,002	0,749	0,054	0,994	3,966	0,046	0,518

1E6

α [°]	Ca [-]	Cw [-]	Cm 0.25 [-]	T.U. [-]	T.L. [-]	S.U. [-]	S.L. [-]	GZ [-]	N.P. [-]	D.P.
-30,0	-1,128	0,27953	0,294	0,749	0,002	1,000	0,057	-4,034	0,021	0,511
-25,0	-1,299	0,18837	0,255	0,743	0,003	1,000	0,082	-6,898	-0,183	0,446
-20,0	-1,319	0,12406	0,211	0,720	0,004	1,000	0,150	-10,634	-0,489	0,410
-15,0	-1,481	0,04556	0,121	0,712	0,009	1,000	0,804	-32,501	0,724	0,332
-10,0	-1,032	0,03049	0,075	0,708	0,017	1,000	0,837	-33,859	0,337	0,323
-5,0	-0,453	0,02334	0,032	0,535	0,056	0,912	0,852	-19,416	0,331	0,320
0,0	0,036	0,02099	-0,011	0,242	0,235	0,871	0,868	1,696	0,336	0,555
5,0	0,530	0,02227	-0,053	0,039	0,706	0,856	0,920	23,775	0,329	0,350
10,0	1,104	0,03056	-0,095	0,018	0,709	0,840	0,969	36,133	0,335	0,336
15,0	1,544	0,04504	-0,139	0,009	0,711	0,807	0,986	34,271	0,758	0,340
20,0	1,363	0,12663	-0,227	0,004	0,717	0,123	0,989	10,767	-0,335	0,417
25,0	1,323	0,19115	-0,268	0,002	0,728	0,072	0,994	6,921	-0,102	0,453

30,0   1,140 0,27783   -0,306 0,002 0,747 0,057 0,995 4,102 0,047 0,518

Intro. In einer Analysekampagne werden Konturen synthetischer Profile auf ihre Eignung hin untersucht, als Profilform für Leit- und Steuerflächen kleiner Seefahrzeuge eingesetzt zu werden.
Das symmetrische Profil ERpL[p1][p2] (ERpL für **E**lliptic **R**igid **p**er **L**ength) mit den beiden beschreibenden Parametern "spezifische Profildicke p1=d/t[%] und Wölbungsrücklage p2=xf/t [%]" wurde als eine vollständig synthetisierte Tragflügelsektion entwickelt und im Frühjahr 2013 vom deutschen Patentamt DPMA veröffentlicht[15]. Dem Aufsatz ist die technische Beschreibung im Anhang beigestellt.

Messblätter
Es werden potentialtheoretische Untersuchungen zu den synthetischen Profilkonturen der ERpL-Serie durchgeführt. Das symmetrische Profil ERpL[p1][p2] (ERpL für **E**lliptic **R**igid **p**er **L**ength) mit den beiden beschreibenden Parametern "spezifische Profildicke p1=d/t[%] und Wölbungsrücklage p2=xf/t [%]" ist hier gegeben in der Version:

ERpL2060
spezifische Profildicke   p1= **d/t** =   20 [%] und
spezifische Wölbungsrücklage   p2= **xf/t** =   60 [%]

Im Anhang wird dargelegt, auf welche Weise mit diesen beiden Parametern eine Profilkontur der ERpL-Serie vollständig beschrieben wird.
Die Diagramme und die diesen Graphiken zugrunde gelegten Berechnungswerte sprechen für sich und werden in diesem Aufsatz nicht weiter kommentiert.

Die Graphiken betreffen:

---

[15] Fluiddynamisch wirksames Strömungsprofil aus geometrischen Grundfiguren.
  (GM301) DE 20 2013 004 881.6 IPC: F03D 1/06

- Geschwindigkeitsverteilung des zentral angeströmten ERpL-Profils. Die dargestellten generalisierten Geschwindigkeiten sind nicht signifikant für eine bestimmte Re-Zahl.
- Profilgraphik
- Polardiagramm der Auftriebs- und Widerstandsbeiwerte über den Anstellwinkel bei unterschiedlichen Reynoldszahlen für das Medium Wasser.
- Auftriebs- und Widerstandsbeiwerte in einer expliziten Darstellung.
- Stall: Transition und Separation auf der Tragflächenoberseite (Stallseite) über den Anstellwinkel bei unterschiedlichen Reynoldszahlen für das Medium Wasser.

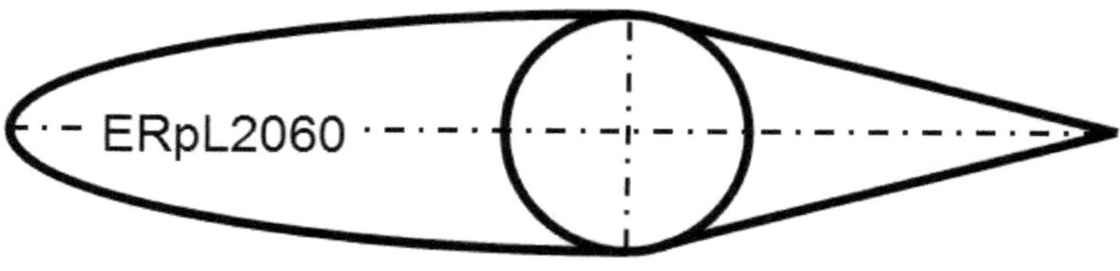

<u>Allgemeine Größen und Kennwerte</u>

Größe	Symbol	Einheit	Dimension
Leistung	P	[Nm s^{-1}], [kg m^2 s^{-3}], [W],	$M \cdot L^2 \cdot T^{-3}$
Energie	E	[Nm], [kg m^2 s^{-2}], [J],	$M \cdot L^2 \cdot T^{-2}$
Volumenelement	(dx dy dz)	[m^3],	L^3
Fläche	A_{yz}	[m^2],	L^2
Geschwindigkeit	v_x	[m s^{-1}],	$L \cdot T^{-1}$

Dichte (Fluid) $\quad\quad \rho \quad\quad$ [kg m^{-3}], $\quad\quad\quad$ M $\bullet$ L^{-3}

Symbolik, abgeleitete Größen und Kennwerte in der Profilanalyse

Tragflügellänge	b	[m]	
Profiltiefe (chord length, c)	t	[m]	
generalisierte x-Koordinate	x/l	[%]	
generalisierte y-Koordinate	y/l	[%]	
generalisierte (Kontur-) Geschwindigkeit	v/V	[%]	
Profildicke	d/t	[%]	
Profilwölbung	f/t	[%]	
Wölbungsrücklage	xf/t	[%]	
Nasenradius	r/t	[%]	
Hinterkantenwinkel	τ	[°]	
überströmte Fläche des Flügels $\quad$ A	[m²]	$A = b \cdot t$	
Seitenverhältnis (Flügel)	λ	[-]	$\lambda = A/b^2$
Auftriebsbeiwert (LIFT-Koeffizient)	C_L	[-]	
Widerstandsbeiwert (DRAG-Koeffizient)	C_d	[-]	
Momentenbeiwert MOMENT-Koeffizient)	C_m	[-]	
Druckbeiwert (pressure coefficient)	C_p	[-]	
kritischer Druckbeiwert [16]	$C_p{}^*$	[-]	
Reibungsbeiwert (local friction coefficient)	C_f	[-]	
Gleitzahl	G	[-]	$G = (C_L / C_d)$
Geschwindigkeit in [m/s],	v, w	[ms^{-1}]	
Schallgeschwindigkeit (speed of sound)	a	[ms^{-1}]	
Auftrieb, Querkraft, Lift	L	[N]	$L = c_a \cdot A \cdot v^2 \cdot \rho/2$
Formwiderstand	W_F	[N]	$W_F = c_w \cdot A \cdot v^2 \cdot \rho/2$
Reibungswiderstand	W_R	[N]	$W_R = c_r \cdot A \cdot v^2 \cdot \rho/2$
induzierter Widerstand $\quad$ W_I	[N]	$W_I = c_I \cdot A \cdot v^2 \cdot \rho/2$	
Beiwert glatte Oberfläche, laminar	c_r	[-]	$c_r = 1{,}327 \cdot (Re)^{-1/2}$
Beiwert glatte Oberfläche, turbulent $\quad$ c_r	[-]	$c_r = 0{,}074 \cdot (Re)^{-1/5}$	
Beiwert rauhe Oberfläche, turbulent[17] $\quad$ c_r	[-]	$c_r = 0{,}418 \cdot (2+lg(t/k))^{-2,53}$	
Beiwert des induzierten Widerstands[18] $\quad$ c_I	[-]	$c_I = \lambda\, c_a^2 / \Pi$	
Liftleistung	P_L	[W]	$P_L = L \cdot v$
Widerstandsleistung	P_{WI}	[W]	$P_{WI} = (W_F + W_R + W_I) \cdot v$
Konturposition $\quad$ x	[m]		
Lokale Reynolds-Zahl	Re_x	[-]	$Re_x = Re\delta\_2 = v_\infty \cdot x / \nu$
Verdrängungsdicke, Grenzschichtdicke[19]	δ_1	[m]	
Grenzschichtdicke (laminar)[20] $\quad$ $\delta_2=$	δ_{LAM}	[m]	$\delta_{LAM} = 5{,}0 \cdot (Re_x)^{-1/2} \sim x^{1/2}$
Grenzschichtdicke (turbulent)[21] $\quad$ $\delta_3=$	$\delta_{TURB.}$	[m]	$\delta_{TURB} = k(x) \cdot (Re_x)^{-1/2} \sim x^{0.8}$
Konturbeiwert (shape factor12)	H_{12}	[-]	$H_{12} = \delta_1/\delta_2$
Konturbeiwert (shape factor32)	H_{32}	[-]	$H_{32} = \delta_3/\delta_2$
ULT LOWER $\quad$ Umschlagpunkt, Transition: laminar-turbulent, lower surface			

---

[16] kritischer Druckbeiwert (critical pressure coefficient ind. supersonic flow) $C_p{}^*$

[17] Angabe der Rauhigkeit k in [m]. z.B. gilt als glatt: k= 0,001[mm] = 10^{-3} [mm] = 10^{-6} [m].

[18] gemäß elliptischer Auftriebsverteilung nach Prandtl

[19] Grenzschichtdicke (displacement thickness) δ_1

[20] auch ImpulsverlustDicke (momentum loss thickness)

[21] Dicke der turbulenten Grenzschicht (ebene Platte) $\delta_{TURB.}$ = k(x)(Re_x)$^{-1/2}$. Der empirische Faktor k entspricht der Ordinate k=y(x), im Falle der ebenen Platte. Auch EnergieDickenbeiwert (energy loss thickness)

ULT$_{UPPER}$	Umschlagpunkt, Transition: laminar-turbulent, upper surface
ABP$_{LOWER}$	Ablösepunkt, Separation, lower surface
ABP$_{UPPER}$	Ablösepunkt, Separation, upper surface

Anhang 1 Diagramme

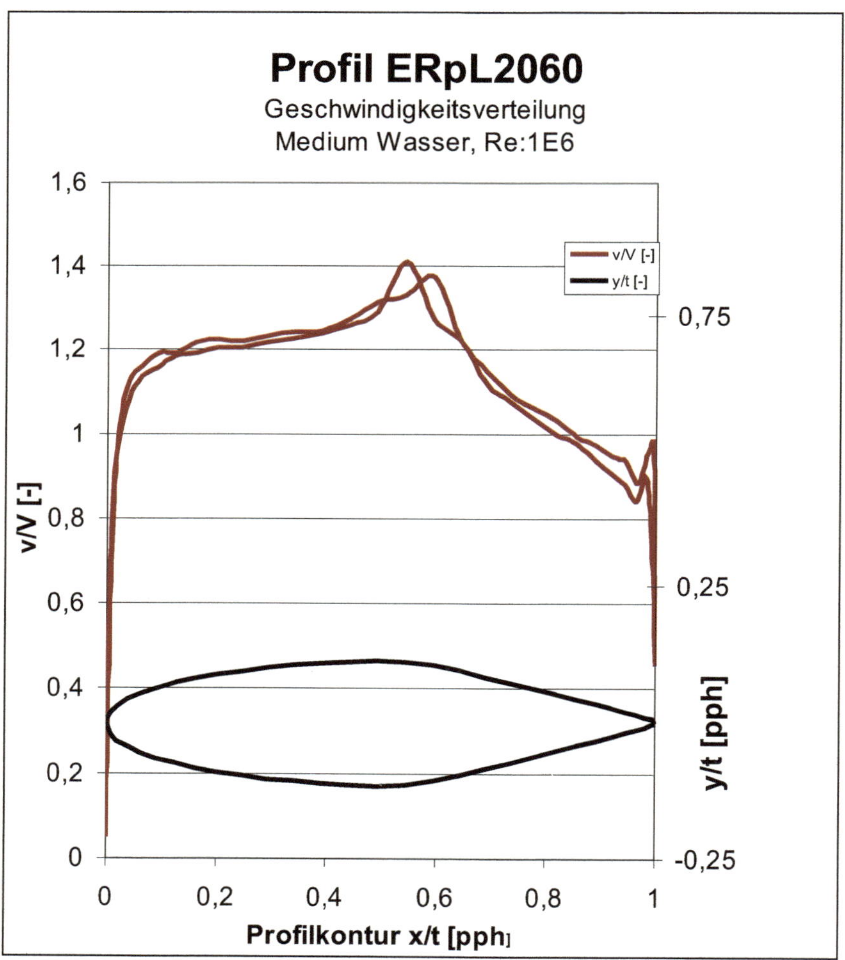

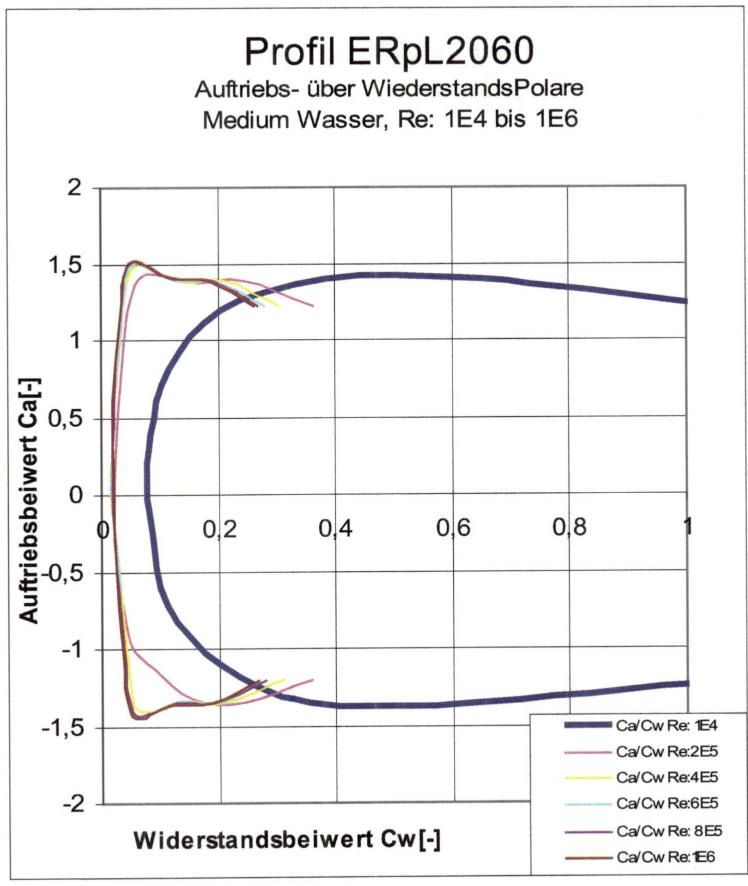

Profil ERpL2060
Auftriebs- über WiederstandsPolare
Medium Wasser, Re: 1E4 bis 1E6
Auftriebsbeiwert Ca[-]
Widerstandsbeiwert Cw[-]
2
1,5
1
0,5
0
-0,5
-1
-1,5
-2
0
0,2
0,4
0,6
0,8
1
Ca/Cw Re: 1E4
Ca/Cw Re:2E5
Ca/Cw Re:4E5
Ca/Cw Re:6E5
Ca/Cw Re: 8E5
Ca/Cw Re:1E6

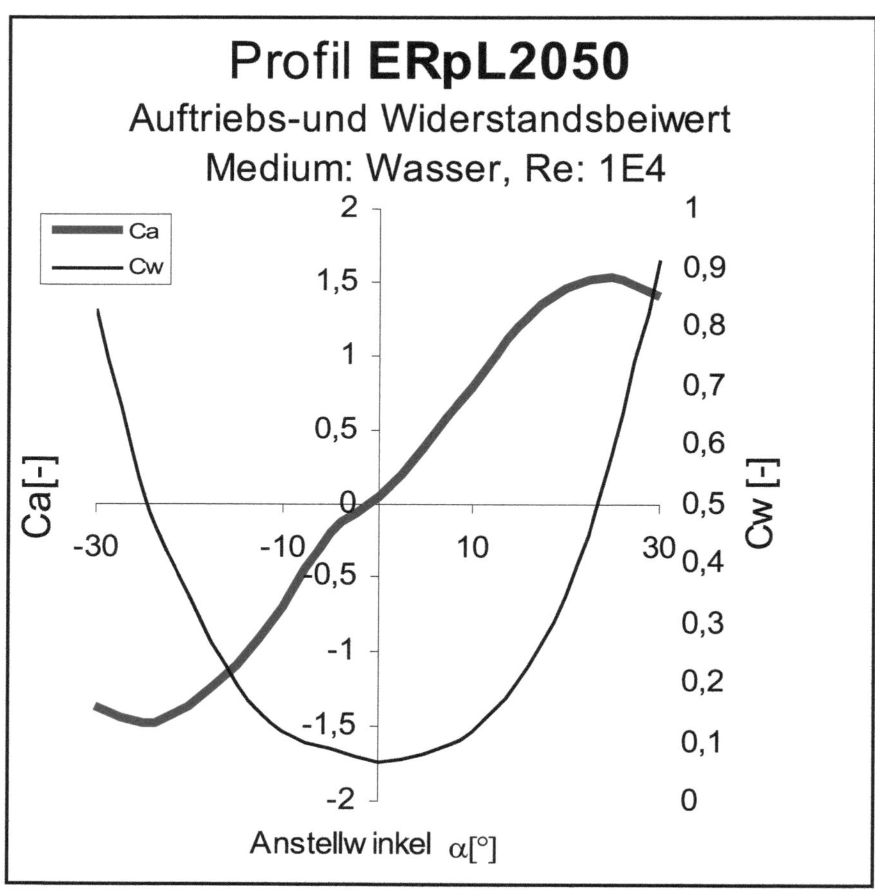

Profil ERpL2050
Auftriebs-und Widerstandsbeiwert
Medium: Wasser, Re: 1E4
Ca
Cw
Ca[-]
Cw [-]
2
1,5
1
0,5
0
-0,5
-1
-1,5
-2
1
0,9
0,8
0,7
0,6
0,5
0,4
0,3
0,2
0,1
0
-30
-10
10
30
Anstellwinkel α[°]

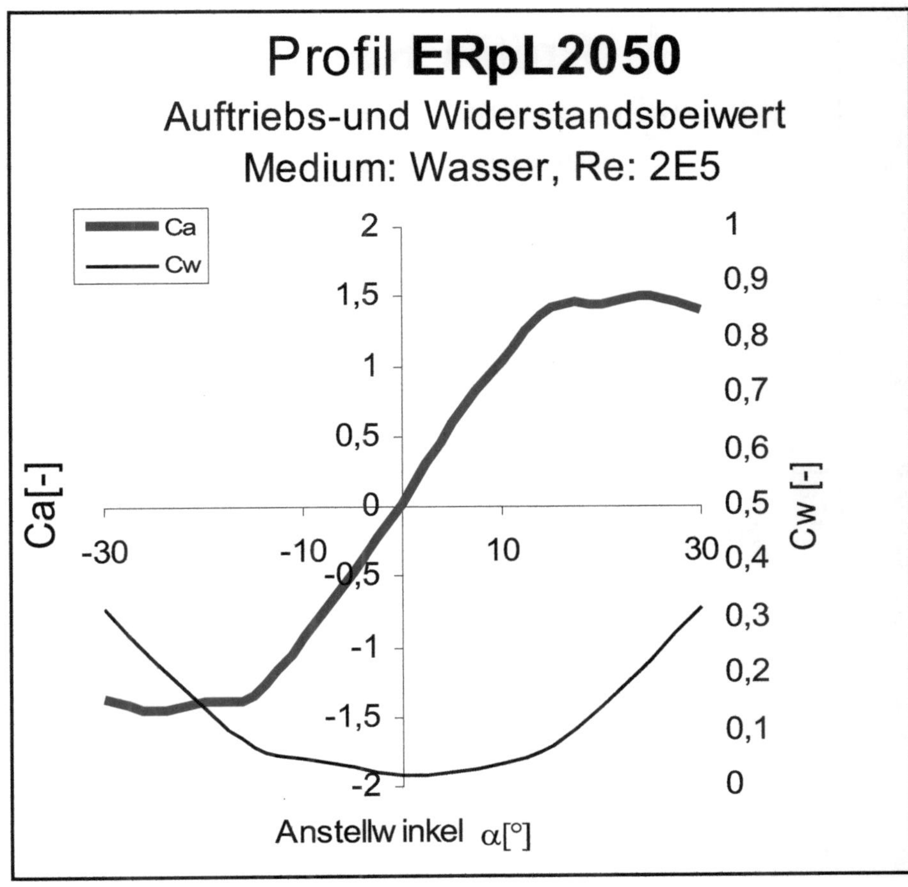
Profil ERpL2050
Auftriebs-und Widerstandsbeiwert
Medium: Wasser, Re: 2E5
Ca
Cw
2
1,5
1
0,5
0
-0,5
-1
-1,5
-2
1
0,9
0,8
0,7
0,6
0,5
0,4
0,3
0,2
0,1
0
-30
-10
10
30
Ca[-]
Cw [-]
Anstellwinkel α[°]

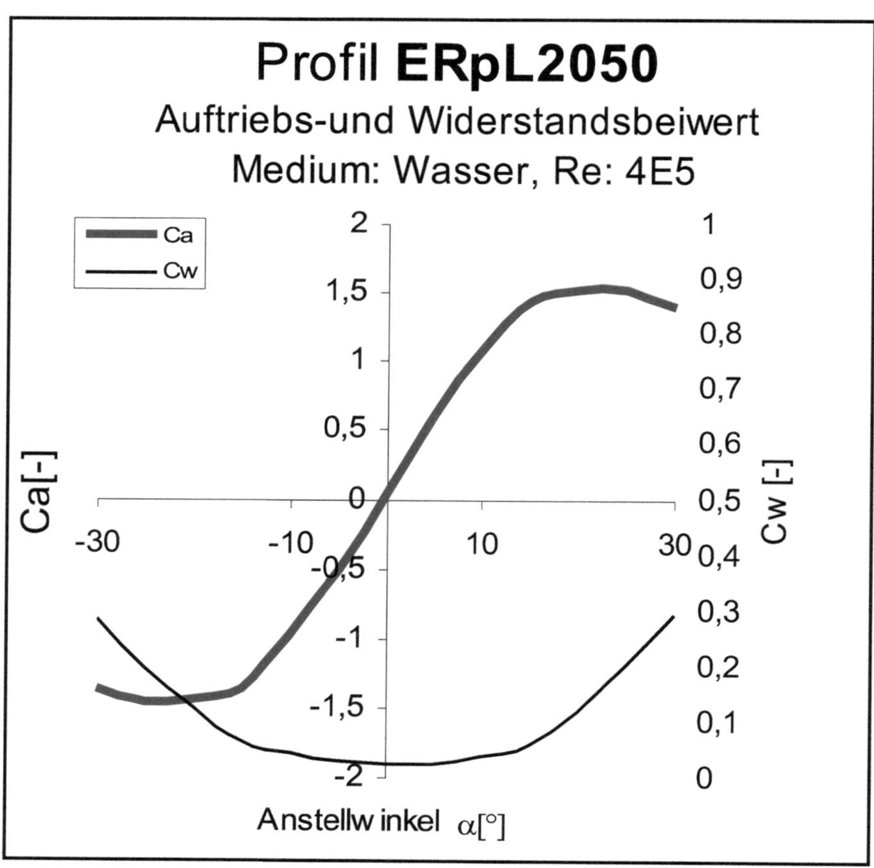

Profil ERpL2050
Auftriebs-und Widerstandsbeiwert
Medium: Wasser, Re: 4E5
Ca
Cw
Ca[-]
Cw [-]
2
1,5
1
0,5
0
-0,5
-1
-1,5
-2
1
0,9
0,8
0,7
0,6
0,5
0,4
0,3
0,2
0,1
0
-30
-10
10
30
Anstellwinkel α[°]

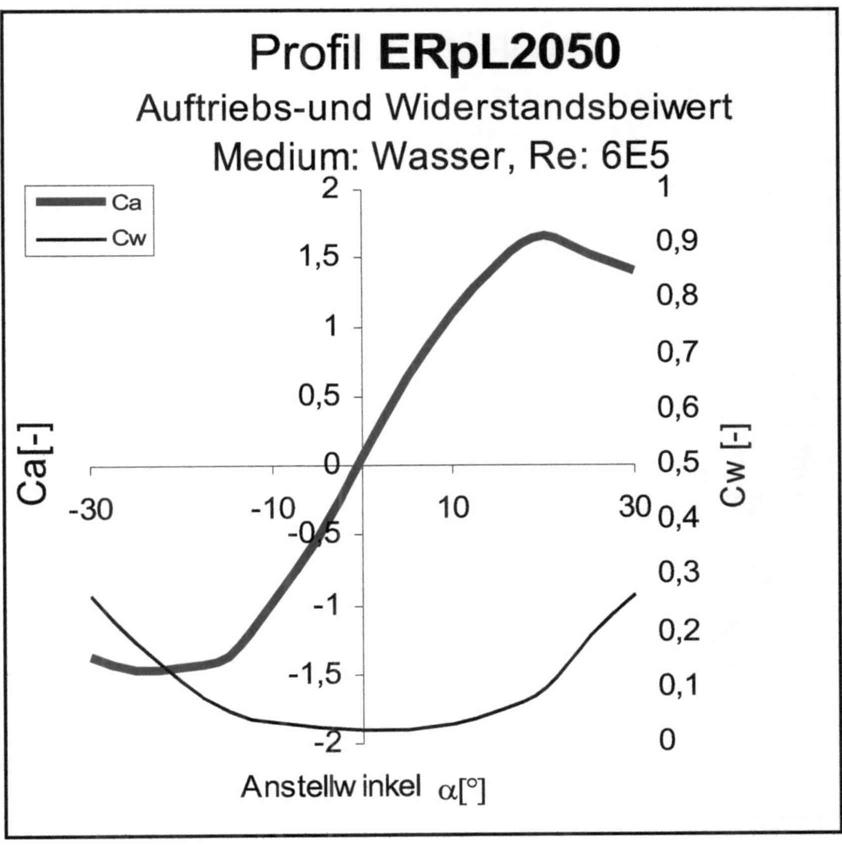

Profil ERpL2050
Auftriebs-und Widerstandsbeiwert
Medium: Wasser, Re: 6E5
Ca
Cw
Ca[-]
Cw [-]
2
1,5
1
0,5
0
-0,5
-1
-1,5
-2
1
0,9
0,8
0,7
0,6
0,5
0,4
0,3
0,2
0,1
0
-30
-10
10
30
Anstellwinkel α[°]

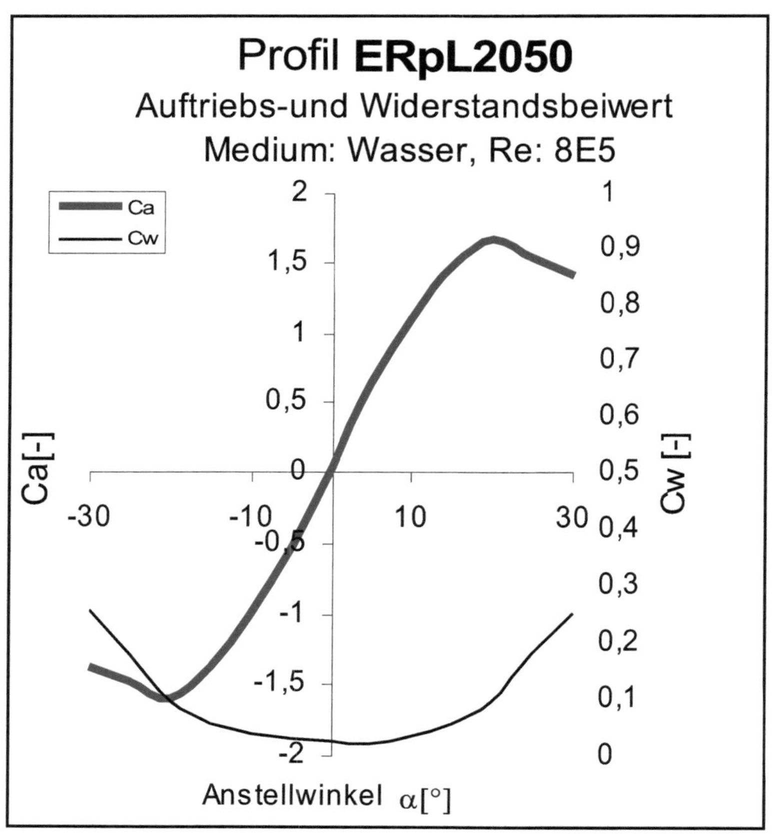
Profil ERpL2050
Auftriebs-und Widerstandsbeiwert
Medium: Wasser, Re: 8E5
Ca
Cw
Ca[-]
Cw [-]
2
1,5
1
0,5
0
-0,5
-1
-1,5
-2
1
0,9
0,8
0,7
0,6
0,5
0,4
0,3
0,2
0,1
0
-30
-10
10
30
Anstellwinkel α[°]

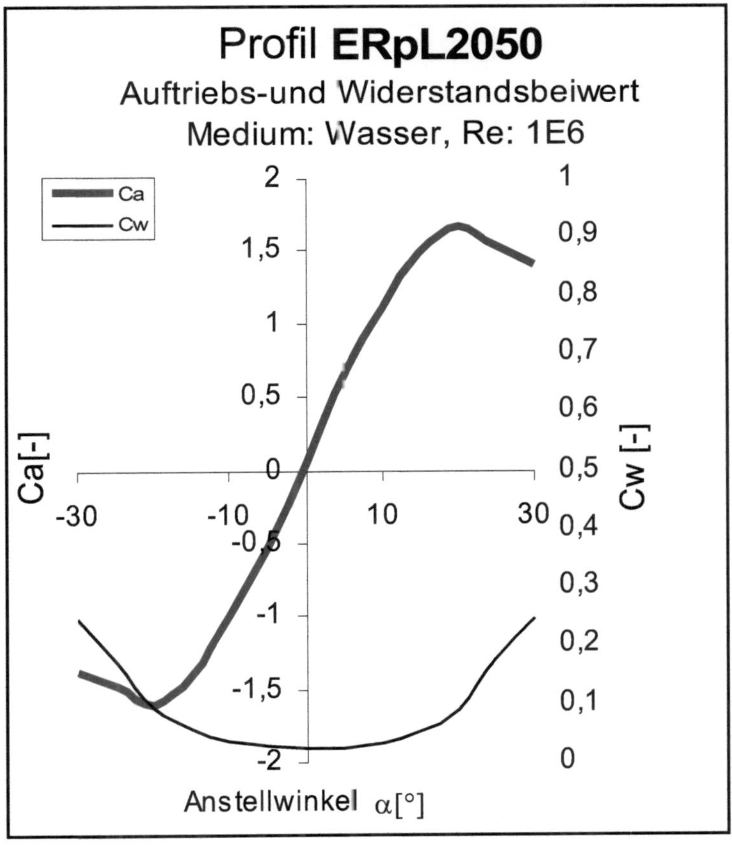

Profil ERpL2050
Auftriebs-und Widerstandsbeiwert
Medium: Wasser, Re: 1E6
Ca
Cw
Ca[-]
Cw [-]
2
1,5
1
0,5
0
-0,5
-1
-1,5
-2
1
0,9
0,8
0,7
0,6
0,5
0,4
0,3
0,2
0,1
0
-30
-10
10
30
Anstellwinkel α[°]

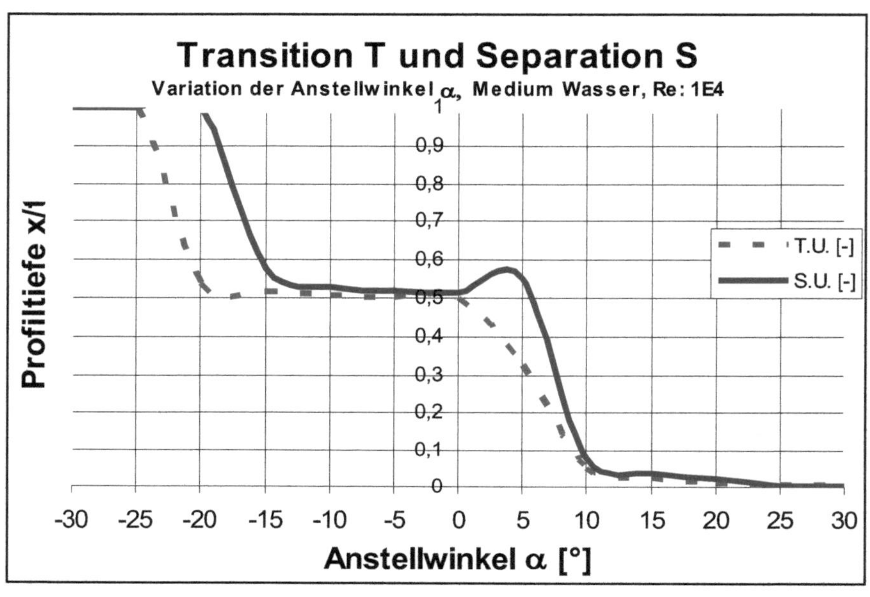

Transition T und Separation S
Variation der Anstellwinkel α, Medium Wasser, Re: 1E4
Profiltiefe x/t
Anstellwinkel α [°]
T.U. [-]
S.U. [-]

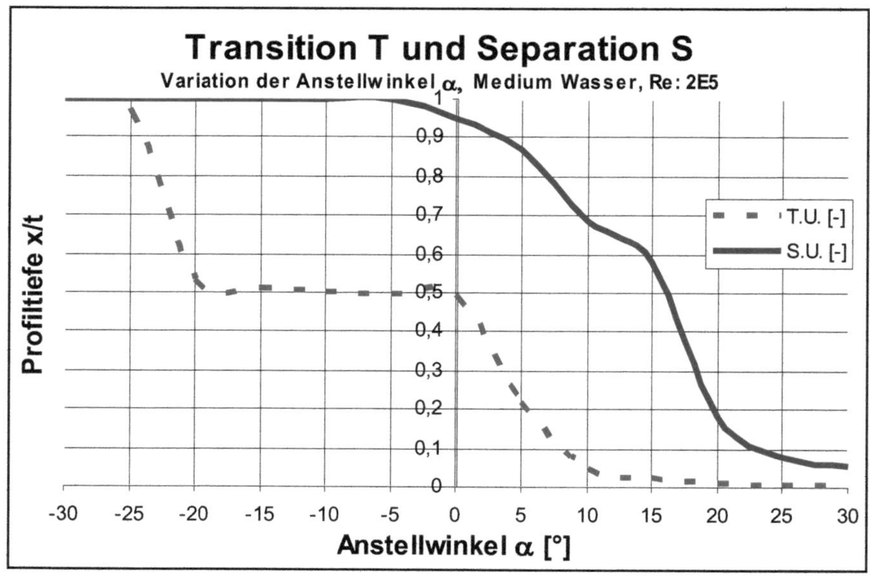

Transition T und Separation S
Variation der Anstellwinkel α, Medium Wasser, Re: 2E5
Profiltiefe x/t
Anstellwinkel α [°]
T.U. [-]
S.U. [-]

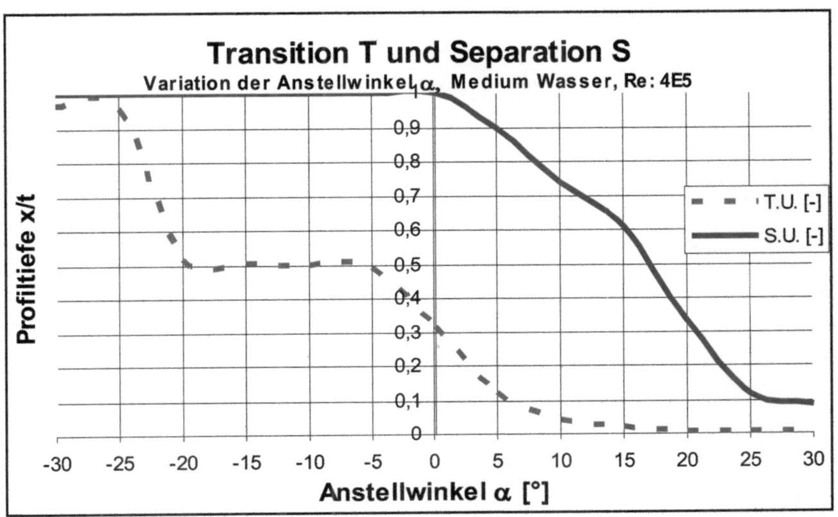
Transition T und Separation S
Variation der Anstellwinkel α, Medium Wasser, Re: 4E5
Profiltiefe x/t
Anstellwinkel α [°]
T.U. [-]
S.U. [-]
0,9
0,8
0,7
0,6
0,5
0,4
0,3
0,2
0,1
0
-30 -25 -20 -15 -10 -5 0 5 10 15 20 25 30

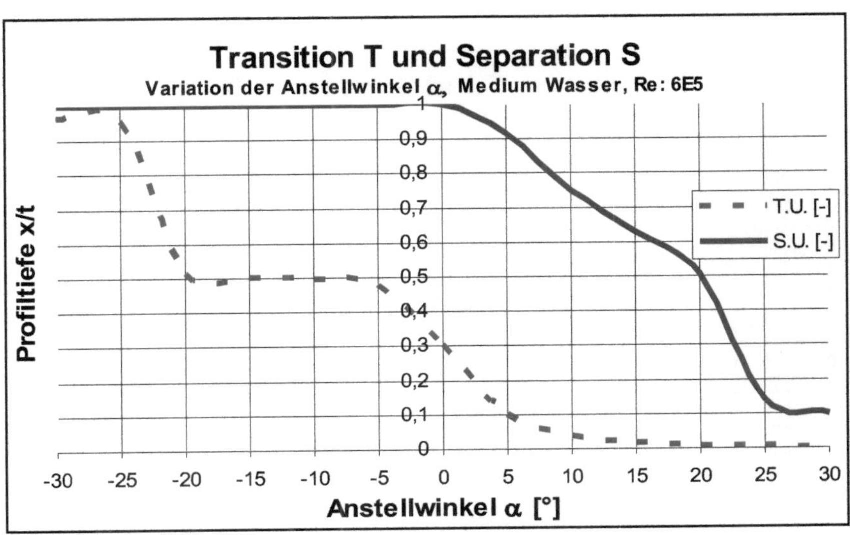
Transition T und Separation S
Variation der Anstellwinkel α, Medium Wasser, Re: 6E5
Profiltiefe x/t
Anstellwinkel α [°]
T.U. [-]
S.U. [-]
0,9
0,8
0,7
0,6
0,5
0,4
0,3
0,2
0,1
0
-30 -25 -20 -15 -10 -5 0 5 10 15 20 25 30

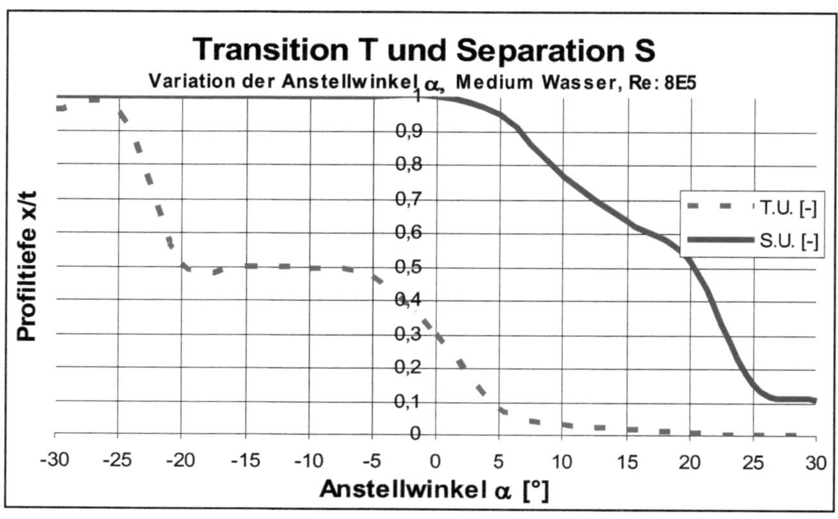

Transition T und Separation S
Variation der Anstellwinkel α, Medium Wasser, Re: 8E5
Profiltiefe x/t
T.U. [-]
S.U. [-]
1
0,9
0,8
0,7
0,6
0,5
0,4
0,3
0,2
0,1
0
-30
-25
-20
-15
-10
-5
0
5
10
15
20
25
30
Anstellwinkel α [°]

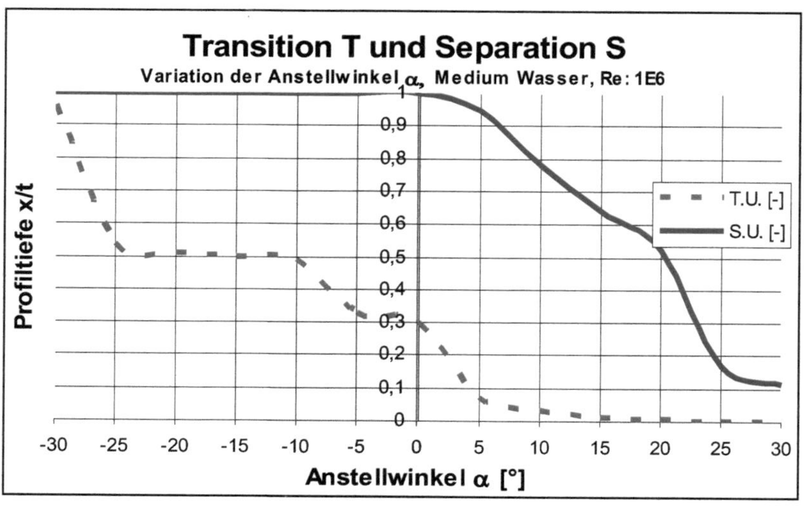

Transition T und Separation S
Variation der Anstellwinkel α, Medium Wasser, Re: 1E6
Profiltiefe x/t
T.U. [-]
S.U. [-]
1
0,9
0,8
0,7
0,6
0,5
0,4
0,3
0,2
0,1
0
-30
-25
-20
-15
-10
-5
0
5
10
15
20
25
30
Anstellwinkel α [°]

Die zu untersuchenden Geschwindigkeiten sollen bei unseren Betrachtungen nicht kleiner als v_{min} = 0.5 [m·s^{-1}] sein. Die Tiefe T des Tragflügels repräsentiert die signifikante Länge L in der Formulierung der Reynolds-Zahl und variiert im Bereich von {0.1[m]<T<0.3[m]}; die kinematische Viskosität[22] des Mediums ist mit ν(Wasser) = 0,1012·10^{-6} [m^2·s^{-1}] als Tabellenwert gegeben. Damit sind die minimalen und die maximalen errechneten Reynoldszahlen angegeben mit den Zahlenwerten Re_{unten} = 49.407 und Re_{oben} = 975.296; sie determinieren einen Untersuchungsbereich der relevanten Geschwindigkeiten von:

Geschwindigkeitsbereich:	$5 \cdot 10^4 < Re < 1 \cdot 10^6$

Medium	Wasser, 20	[°C]
Dichte	$0,998 \cdot 10^3$	[kg·m^{-3}]
Dyn. Viskosität	$0,1012 \cdot 10^{-6}$	[m^2·s^{-1}]
Schallgeschwindigkeit	1484	[m·s^{-1}]

CHORD-Länge		x	[m]	
Lokale Reynolds-Zahl		Re_X	[-]	$Re_X = Re_{\delta 2} = v_\infty \cdot x / \nu$
Verdrängungsdicke, Grenzschichtdicke[23]		δ_1	[m]	
Grenzschichtdicke (laminar)[24]	$\delta_2=$	δ_{LAM}	[m]	$\delta_{LAM} = 5,0 \cdot (Re_X)^{-1/2} \sim x^{1/2}$
Grenzschichtdicke (turbulent)[25]	$\delta_3=$	$\delta_{TURB.}$	[m]	$\delta_{TURB} = k(x) \cdot (Re_X)^{-1/2} \sim x^{0.8}$

Konturbeiwert (shape factor12)	H_{12}	[-]	$H_{12} = \delta_1/\delta_2$
Konturbeiwert (shape factor32)	H_{32}	[-]	$H_{32} = \delta_3/\delta_2$

T.L. oder ULT_{LOWER}	Umschlagpunkt, Transition: laminar-turbulent, lower surface
T.U. oder ULT_{UPPER}	Umschlagpunkt, Transition: laminar-turbulent, upper surface
S.L. oder ABP_{LOWER}	Ablösepunkt, Separation, lower surface
S.U. oder ABP_{UPPER}	Ablösepunkt, Separation, upper surface

---

[22] Stoffgrößen einiger Strömungsmedien

Stoff	dyn. Viskosität η	Dichte ρ	kin. Viskosität ν	Schallgeschw. a
[phys. Einheit]	[kg·s^{-1}·m^{-1}]	[kg·m^{-3}]	[m^2·s^{-1}]	[m·s^{-1}]
Luft$_1$	$18,1 \cdot 10^{-6}$	1,188	$15,24 \cdot 10^{-6}$	343
Wasser$_2$	$1,01 \cdot 10^{-3}$	$0,998 \cdot 10^3$	$0,1012 \cdot 10^{-6}$	1484
Öl$_3$	$6,80 \cdot 10^{-3}$	$0,858 \cdot 10^3$	$7,93 \cdot 10^{-6}$	1340
Gelatine$_4$	$3,7 \cdot 10^{-3}$	$0,8 \cdot 10^3$	$4,625 \cdot 10^{-6}$	k. A.

[23] Grenzschichtdicke (displacement thickness) δ_1

[24] auch ImpulsverlustDicke (momentum loss thickness)

[25] Dicke der turbulenten Grenzschicht (ebene Platte) $\delta_{TURB.}$ = k(x)(Re_X)$^{-1/2}$. Der empirische Faktor k entspricht der Ordinate k=y(x), im Falle der ebenen Platte. Auch EnergieDickenbeiwert (energy loss thickness)

Re: 1E4

α [°]	Ca [-]	Cw [-]	Cm 0.25 [-]	T.U. [-]	T.L. [-]	S.U. [-]	S.L. [-]
-30	-1,376	0,82698	0,224	1	0,003	1	0,006
-25	-1,476	0,51354	0,19	1	0,005	1	0,008
-20	-1,376	0,34627	0,154	0,538	0,011	1	0,022
-15	-1,096	0,19622	0,114	0,515	0,033	0,575	0,045
-10	-0,694	0,11592	0,072	0,506	0,048	0,527	0,065
-5	-0,195	0,0863	0,029	0,5	0,308	0,518	0,322
0	0,05	0,06685	-0,017	0,498	0,313	0,513	0,33
5	0,384	0,07767	-0,058	0,328	0,32	0,555	0,925
10	0,795	0,11719	-0,104	0,052	0,512	0,083	0,538
15	1,201	0,1986	-0,142	0,026	0,526	0,037	0,988
20	1,454	0,3448	-0,179	0,012	0,982	0,023	0,983
25	1,534	0,57499	-0,211	0,004	0,982	0,007	0,984
30	1,412	0,91052	-0,24	0,003	0,984	0,005	0,986

Re: 2E5

α [°]	Ca [-]	Cw [-]	Cm 0.25 [-]	T.U. [-]	T.L. [-]	S.U. [-]	S.L. [-]
-30	-1,358	0,32169	0,23	1	0,003	1	0,059
-25	-1,451	0,22489	0,197	0,964	0,005	1	0,085
-20	-1,377	0,14682	0,162	0,532	0,009	1	0,196
-15	-1,332	0,07415	0,105	0,511	0,029	1	0,585
-10	-0,932	0,0508	0,059	0,5	0,045	1	0,686
-5	-0,474	0,03351	0,014	0,494	0,197	1	0,844
0	0,014	0,02162	-0,017	0,489	0,307	0,95	0,984
5	0,594	0,02541	-0,045	0,22	0,314	0,87	0,989
10	1,037	0,04361	-0,09	0,047	0,334	0,689	0,993
15	1,418	0,07067	-0,134	0,024	0,518	0,579	0,994
20	1,451	0,14514	-0,187	0,01	0,934	0,18	0,989
25	1,508	0,22771	-0,217	0,004	0,982	0,08	0,984
30	1,393	0,32176	-0,245	0,003	0,983	0,058	0,986

Re: 4E5

α [°]	Ca [-]	Cw [-]	Cm 0.25 [-]	T.U. [-]	T.L. [-]	S.U. [-]	S.L. [-]
-30	-1,362	0,28227	0,232	0,965	0,003	1	0,08
-25	-1,458	0,196	0,199	0,959	0,004	1	0,119
-20	-1,445	0,12399	0,162	0,52	0,006	1	0,327
-15	-1,361	0,06529	0,103	0,504	0,023	1	0,614
-10	-0,96	0,04432	0,056	0,495	0,041	1	0,717
-5	-0,508	0,03005	0,011	0,491	0,173	1	0,893
0	0,05	0,02664	-0,017	0,317	0,304	1	0,986
5	0,614	0,02375	-0,044	0,122	0,309	0,9	0,99
10	1,078	0,03757	-0,086	0,04	0,321	0,737	0,994
15	1,452	0,06141	-0,131	0,021	0,509	0,612	0,995
20	1,526	0,12045	-0,186	0,005	0,537	0,335	0,994
25	1,515	0,20516	-0,219	0,003	0,98	0,118	0,986
30	1,398	0,29157	-0,248	0,003	0,983	0,085	0,987

Re: 6E5

α [°]	Ca [-]	Cw [-]	Cm 0.25 [-]	T.U. [-]	T.L. [-]	S.U. [-]	S.L. [-]
-30	-1,365	0,2683	0,233	0,962	0,003	1	0,093
-25	-1,468	0,1844	0,2	0,958	0,003	1	0,15
-20	-1,452	0,11561	0,161	0,514	0,005	1	0,337
-15	-1,372	0,06153	0,102	0,5	0,019	1	0,624
-10	-0,977	0,041	0,055	0,494	0,04	1	0,736
-5	-0,511	0,02938	0,011	0,481	0,101	1	0,898
0	0,05	0,02533	-0,017	0,308	0,301	1	0,987
5	0,626	0,02325	-0,043	0,098	0,306	0,918	0,991
10	1,09	0,03527	-0,085	0,036	0,315	0,75	0,994
15	1,469	0,05696	-0,13	0,018	0,505	0,628	0,995
20	1,656	0,10081	-0,176	0,005	0,525	0,507	0,995
25	1,522	0,19062	-0,221	0,003	0,939	0,141	0,993
30	1,401	0,26816	-0,249	0,002	0,982	0,098	0,987

Re: 8E5

α [°]	Ca [-]	Cw [-]	Cm 0.25 [-]	T.U. [-]	T.L. [-]	S.U. [-]	S.L. [-]
-30	-1,367	0,25534	0,234	0,961	0,002	1	0,101
-25	-1,475	0,17877	0,201	0,956	0,003	1	0,168
-20	-1,592	0,09778	0,151	0,509	0,005	1	0,515
-15	-1,38	0,05865	0,101	0,498	0,016	1	0,631
-10	-0,992	0,03861	0,053	0,492	0,038	1	0,754
-5	-0,517	0,02865	0,011	0,474	0,082	1	0,907
0	0,05	0,02448	-0,017	0,302	0,299	1	0,987
5	0,646	0,02337	-0,041	0,082	0,304	0,947	0,991
10	1,105	0,03313	-0,083	0,032	0,311	0,768	0,994
15	1,475	0,05497	-0,129	0,015	0,502	0,634	0,995
20	1,666	0,09543	-0,175	0,004	0,517	0,516	0,995
25	1,527	0,1816	-0,221	0,002	0,931	0,155	0,994
30	1,404	0,25424	-0,249	0,002	0,98	0,106	0,988

Re: 1E6

α [°]	Ca [-]	Cw [-]	Cm 0.25 [-]	T.U. [-]	T.L. [-]	S.U. [-]	S.L. [-]
-30	-1,369	0,24687	0,234	0,959	0,002	1	0,108
-25	-1,481	0,17291	0,202	0,541	0,003	1	0,182
-20	-1,6	0,09327	0,15	0,506	0,004	1	0,522
-15	-1,389	0,05651	0,1	0,497	0,014	1	0,64
-10	-1,004	0,03697	0,052	0,491	0,037	1	0,768
-5	-0,521	0,03016	0,01	0,328	0,066	1	0,913
0	0,05	0,02405	-0,017	0,299	0,299	1	0,988
5	0,647	0,02304	-0,041	0,073	0,303	0,948	0,992
10	1,117	0,03179	-0,082	0,029	0,309	0,781	0,994
15	1,483	0,05358	-0,128	0,012	0,498	0,642	0,995
20	1,674	0,09113	-0,175	0,004	0,512	0,523	0,995
25	1,534	0,17527	-0,222	0,002	0,926	0,171	0,994
30	1,405	0,24696	-0,25	0,001	0,98	0,112	0,988

Anhang: Technische Beschreibung
(GM301) DE 20 2013 004 881.6 IPC: F03D 1/06

Fluiddynamisch wirksames Strömungsprofil aus geometrischen Grundfiguren

Die Erfindung betrifft ein fluidmechanisch wirksames, symmetrisches Strömungsprofil, dessen Kontur mit geringen deklaratorischen Mitteln beschreiben werden kann. Der Erfindung liegt die Idee eines Strömungsprofils zu Grunde, das durch die geometrischen Elemente Ellipse, Kreis und Tangente beschrieben und durch lediglich zwei Parameter eindeutig definiert ist. Das Strömungsprofil ist für Kraft- und Arbeitstragflächen an Fahrzeugen und für Anwendungen in Strömungsmaschinen geeignet. Ausprägungen und Varianten des fluidmechanisch wirksames Strömungsprofils können in Serien systematisiert und geordnet werden. Das Strömungsprofil kann skaliert und paramertrisiert werden derart, dass es für Anströmbedingungen fluidmechanisch wirksam und geeignet ist, die durch kleine Anströmgeschwindigkeiten und/oder kleine geometrische Bauteilabmessungen gekennzeichnet sind.

Stand der Technik und der Wissenschaft

Das Strömungsprofil bezeichnet die Form eines Strömungskörpers in Strömungsrichtung des umgebenden Fluids. Die Kontur eines Strömungsprofils bezeichnet die umhüllende Gestalt des Strömungskörpers. Besonders konturiert sind Strömungsprofile für Krafttragflächen und Arbeitstragflächen. Durch die spezifische Form von Kraft- und Arbeitstragflächen und durch die Umströmung des Fluids kommt es zu einem Wechselwirkungsgeschehen, das durch Energieaustausch gekennzeichnet ist.

Krafttragflächen sind fluidmechanisch wirksame Tragflügel die geeignet sind, dem bewegten umgebendem Fluid vornehmlich Energie zu entziehen. Beispiele sind die Repellertragflächen einer Windkraftanlage oder die Schaufeln einer Fließwasserkraftanlage.

Arbeitstragflächen sind fluidmechanisch wirksame Tragflügel die vornehmlich Energie in ein umgebendes Fluid einkoppeln. Beispiele sind die Leit- und Steuerflächen von Luft- und Seefahrzeugen, das Paddel eines Kanus oder Schaufeln von fluidmechanischen Antrieben.

Für Kraft- und Arbeitstragflächen nach Stand der Technik wird in der Regel eine mechanisch starrer Form, ein deklaratorisch definiertes Profile und eine nichtflexible Kontur angestrebt. Die Profile von Kraft- und Arbeitstragflächen nach Stand der Technik sind in der Regel entweder definiert symmetrisch oder definiert asymmetrisch.

Bei einfachen geometrischen Formen, etwa den Konturen von ebenen Plattenprofilen, bei Wölbplattenprofilen oder bei einfach gekröpften Knickplattenprofilen ist der Deklarationsaufwand gering. Eine geschlossene mathematische Beschreibung in Gestalt einfacher Formeln existiert. Bei manchen Profilformen vom Stand der Technik und vor dem Hintergrund hoher Präzisionsansprüche an das Konstruieren, das Fertigen von Kraft- und Arbeitstragflächen und für das Messen oder die mathematische Handhabung von Konturen von Profilen von Kraft- und Arbeitstragflächen ist der Deklarationsaufwand, der auch die mathematischen Interpolationsmodelle betrifft, teilweise erheblich. Es ist nach Stand der Technik und der Wissenschaft üblich, Koordinaten der Konturen von Strömungsprofilen sowie die zugehörigen mathematischen Handhabungsmethoden in Datenbanken zu hegen (siehe auch: The

Airfoil Investigation Database, [W-2] und UIUC Airfoil Coordinates Database [W-3]).

Nach Stand der Wissenschaft und Technik ist es außerdem üblich, den Strömungszustand um ein Strömungsbauteil über die Reynolds-Similarität zu beschreiben. Als "klein" sollen in dem hier beschriebenen Zusammenhang Anströmgeschwindigkeiten und/oder geometrische Bauteilabmessungen gelten, die einen Bereich von Reynolds-Zahlen {Re<5000} determinieren.

Gestaltungsstrategien zur Strömungskontrolle entlang der Kontur eines Profils in einem Bereich kleiner Reynolds-Zahlen können den Ort des Umschlagpunktes von laminarer in turbulente Strömung betreffen.

(1) Gestaltungsstrategien für den frühen Umschlag von laminarer in turbulente Strömung zielen auf Robustheit der Profile gegenüber Störungen und unterschiedliche Strömungsbedingungen an der Profilkontur. Für kleine Reynolds-Zahlen werden nach Stand der Technik geringe Profildicken und hohe Profilwölbungen (bei nicht symmetrische Profile) verwendet. Dünne Profile besitzen hier geringere Übergangsgeschwindigkeiten und somit einen kleineren Druckanstieg. Der sich ergebende kleine Nasenradius sorgt für die Ausbildung einer Saugspitze an der Profilnase und dem frühen Umschlag der Grenzschicht in den turbulenten Zustand. Die turbulente Grenzschicht kann dann den Druckanstieg im hinteren Profilbereich besser bewältigen [W-1].

(2) Gestaltungsstrategien für den späten (weit hinten liegenden) Umschlag von laminarer in turbulente Strömung zielen auf Profile mit hoher fluidmechanischer Wirksamkeit. Derartige Profile sind weniger robust. Die laminare Lauflänge determiniert den Abstand zwischen Vorderkante des Profils und dem laminar/turbulenten Umschlagspunkt der Strömung. Die "Laminarprofile" genannten Profile nach Stand der

Technik weisen in der Regel gegenüber Profilen mit turbulenten Grenzschichten eine geringere Wandreibung auf. Dies gilt insbesondere im Bereich kleiner Reynolds-Zahlen. Bei Kraft- und Arbeitstragflächen wird auf Profilkonturen zurückgegriffen, die formbedingt hohe laminare Lauflängen aufweisen, um geringe Strömungswiderstände zu erreichen.

Die Verlängerung der laminaren Lauflänge (der laminaren Grenzschicht) wird durch eine besondere Formgebung der Profilkontur erreicht, bei der der Umschlag in eine turbulente Grenzschichtströmung möglichst lange herausgezögert wird [W-1].

Die Grundbeschreibung eines Strömungsprofils nach Stand der Technik erfolgt mit wenigstens den vier geometrischen Größen Tiefe t [m], Dicke d[m], Wölbung f[m] und Wölbungsrücklage xf[m]. Als generalisierte, auf die Profiltiefe t, bezogene Größen folgen somit die (spezifische) Profildicke d/t [%], die (spezifische) Profilwölbung f/t [%], und die (spezifische) Wölbungsrücklage xf/t [%] (siehe auch Tabelle 2).

Problembeschreibung

Bei der Entwicklung von fluidmechanisch wirksamen Kraft- und Arbeitstragflächen für Strömungsmaschinen werden die Koordinaten der Konturen der Strömungsprofile Profilkatalogen entnommen. Dies stellt im Zeitalter hoch entwickelter mathematischer Berechnungs- und Handhabungsmethoden und vergleichsweise leicht verfügbarer Datenbankbestände kein Problem dar. Dennoch taucht in für Strömungs- anwendungen typischen Entwicklungs- und Nutzungsszenarien, etwa in Forschungs-labors (Prototypenbau) und im von kleinen und mittelständigen Unternehmen geprägten Yacht- und Bootsbau (Einzelanfertigungen, Unikate, Reparatur) häufig das Problem auf, dass die Geometriedaten der Konturen von Profilen für fluidmechanisch wirksame Kraft- und Arbeitstragflächen oder für Profillehren, Formen und anderer Fertigungsmittel in einer für die Bauteiloptimierung und/oder die Fertigung nicht geeigneten Form vorliegen. Für die Beschreibung von Konturen nach dem Stand der Technik wird auf Datenbanken oder Profiltabellen zurückgegriffen [Abbo-59] [Eppl-90] [Gorr-17][W-2][W-3]. Dass einfache mathematische Beschreibungen der Profilkontur nur für ebene Plattenprofile und andere sehr einfache Profile existiert und es nach Stand der Technik und der Wissenschaft üblich ist, Koordinaten der Konturen von Strömungsprofilen in Datenbanken zu hegen, führt in der Labor-, Reparatur in der Boots- und Yachtbaupraxis dazu, dass durch Konstruktion und gestalterische Vorgabe vorgesehene Profile nur unzureichend in Formen und in Bauteilkonturen wiedergegeben werden können. Für viele nichttriviale Konturen fluidmechanisch hochwirksamer Profile, insbesondere für Laminarprofile und für Konturen bauchiger Profile für einen Einsatz im Reynolds-Bereich {Re < 5000} ist eine einfache Beschreibung nicht gegeben.

Problemlösung

Die Erfindung betrifft ein fluidmechanisch wirksames, symmetrisches Strömungsprofil, dessen Kontur durch die geometrischen Elemente Ellipse, Kreis und Tangente beschrieben und durch zwei Parameter [p1] [p2] vollständig und eindeutig definiert ist, wie folgt:
"*PROFILKONTUR* [p1][p2]". Mit den Parametern: p1 sei die spezifische Profildicke d/t [%] und p2 sei die spezifische Wölbungsrücklage xf/t [%] (bzw. die spezifische Dickenrücklage xd/t [%] bei einem symmetrischen Profil). Das Strömungsprofil "*PROFILKONTUR* [p1][p2]" ist für Kraft- und Arbeitstragflächen und die Anwendung in Strömungsmaschinen geeignet. Ausprägungen und Varianten des fluidmechanisch wirksames Strömungsprofils können in einer Serie systematisiert und geordnet werden. Das Strömungsprofil kann skaliert und paramertrisiert werden

derart, dass es besonders für Anströmbedingungen fluidmechanisch wirksam und geeignet ist, die durch kleine Anströmgeschwindigkeiten und/oder kleine geometrische Bauteilabmessungen gekennzeichnet sind und einen Bereich von Reynolds-Zahlen {Re < 5000} determinieren.

In einer entsprechenden Parametrisierung { (d/t) >10 [%] und (xf/t) >50[%] } stellt die Kontur ein Laminarprofil (nach Gestaltungskonzept (2), siehe oben) dar. Für ein symmetrisches Laminarprofil mit einer spezifischen Dicke von d/t=20[%] und einer spezifischen Dickenrücklage xd/t=75[%] ergibt sich beispielsweise eine Profilkennung: "*PROFILKONTUR* [20][75]", oder kurz: "*PROFILKONTUR* 2075".

Erzielbare Vorteile

Mit einem fluidmechanisch wirksamen, symmetrischen Strömungsprofil, dessen Kontur durch die geometrischen Elemente Ellipse, Kreis und Tangente beschrieben wird und diese Kontur durch zwei Parameter vollständig und eindeutig definiert ist wird erreicht, dass

(1) in der Baupraxis, in der Reparatur- und Instandhaltungspraxis Strömungsbauteile und/oder deren Fertigungsmittel wie Profillehren oder Formen durch einfache mathematische Beziehungen (Ellipsengleichung, Kreisgleichung und Satz von Thales) beschrieben werden können und

(2) in der Konstruktionspraxis geometrische Vorgaben möglich werden oder existieren, die auch vom Laien mit geringsten Mitteln umgesetzt werden können. Das kann für Kraft- und Arbeitsmaschinen für den Einsatz in Entwicklungs- und Schwellenländern von Bedeutung sein.

(3) Die Erfindung zur Simplifizierung der Konstruktion und zur Robustheit im Betrieb der Kraft- und Arbeitstragflächen mit derartigen Profilen und Profilkonturen beiträgt. Dies ist von wirtschaftlichem Interesse.

Da selbst Laminarprofile mit der Determination beschreibbar werden, stellen Profile und Konturen gemäß der Erfindung eine Alternative für Kraft- und Arbeitstragflächen für Leit- und Steueraufgaben bei Seefahrzeugen oder in Strömungsmaschinen dar.

Aufbau und Konstruktion des Profils

Die Kontur des Profils wird durch die geometrischen Elemente Ellipse, Kreis und Tangente beschrieben und durch die zwei Parameter spezifische Profildicke d/t und spezifische Dickenrücklage xd/t (spezifische Wölbungsrücklage xf/t für den allgemeinen Fall) vollständig und eindeutig definiert (siehe Abbildung Figur 1).

Abbildung Figur 2 zeigt schematisch alle Teillinien der Profildefinition. Die Linien der Ellipse E, des oberen Kreissektors KSO, der oberen Tangente TO, der (singuläre) Punkt am Heck des Profils PH, die Linien der unteren Tangente TU und des unteren Kreissektors KSU bilden eine geometrische, organisatorische und funktionale Einheit, die als Kontur K das Profil definiert. Der Punkt am Bug des Profils PB ist Element der Kontur.

Abbildung Figur 1 zeigt das Profil schematisch in seinen semantischen Elemente Ellipse, Kreis und Tangente. Die Profilsehne ist die Symmetrieachse des Profils. Der (Kreis-) Radius R des Profils entspricht der halben Profildicke R = d/2. Die Profiltiefe ist gegeben mit t. Die Wölbungsrücklage xf markiert den Punkt entlang der Profilsehne, an der das Profil die größte Dicke erreicht. Abbildung Figur 3 zeigt schematisch mathematischen Zusammenhänge bei der Profilkonstruktion. Es ist sofort zu erkennen, dass Gesamtkonstruktion bei gegebener Profiltiefe t=a+c und damit die Definition des Profils nur von zwei Parametern, abhängt: der Profildicke d=2b und der Wölbungsrücklage a=t-c. Siehe hierzu die schematische Darstellung, Figur 5. Aus den schematischen Darstellungen der Abbildungen Figur 1 und Figur 2 und Figur 3 ergeben sich alle Beziehungen, die zu einer Konstruktion des Profils notwendig sind.

Teilkonstruktion Ellipse: Für Punkte $P(x,y)$ die Element der Ellipse E sind, gilt die Ellipsengleichung $(x^2/a^2)+(y^2/b^2) = 1$. Siehe schematische Skizze in Abbildung Figur 1 und Figur 2.

Teilkonstruktion Kreis: Für Punkte $P(x,y)$ die Element des Kreises K sind, gilt die Kreisgleichung $x^2+y^2 = R^2$. Siehe schematische Skizze in Abbildung Figur 1 und Figur 2. Markante Punkte der Profilkonstruktion sind der Bugpunkt des Profils $PB=P(x=0,y=0)$, der Verbindungspunkt von Ellipse und Kreis: $P1O=P(a,R)$ für die Profiloberseite, der Verbindungspunkt von Ellipse und Kreis: $P1U=P(a,-R)$ für die Profilunterseite, der Verbindungs-punkt von Kreis und Tangente $P2O=P(x_B,y_B)$ für die Profiloberseite, der Verbindungspunkt von Kreis und Tangente $P2U=P(x_B,-y_B)$ für die Profilunterseite und der Heckpunkt des Profils $PH=P(x=a+c,y=0)=P(t,0)$.

Teilkonstruktion Tangente: In der schematischen Skizze, Abbildung 4 ist die Anwendung des Satzes von Thales auf die Teilkonstruktion Tangente dargestellt. Für Punkte $P(x,y)$ die Element der oberen Tangente TO und der unteren Tangente TU sind, gilt die Tangentengleichung: $(x_B-x_Z)(x -x_Z)+(y_B-y_Z)(y-y_Z) = R^2$. Der Punkt Z ist das Zentrum des Kreises und der Ellipse $Z=P(x_Z ,y_Z)=P(a,0)$.

Damit ist das Profil definiert.

Wirkungsweise

Für die Beschreibung der Wirkungsweise eines fluidmechanisch wirksamen (symmetrischen) Strömungsprofils werden in der Regel und nach Stand der Technik Messkanaluntersuchungen an Tragflügeln unter genau definierten Bedingungen angestellt. Aufgrund der vergleichsweise ausreichend hohen Genauigkeit sind numerische Strömungssimulationsverfahren nach Stand der Technik und Wissenschaft üblich. In der Analysepraxis sind Berechnungs- und Simulationsverfahren die Strömungsprofile und zweidimensionale Sektorenschnitte eines Tragflügels nach der Potentialtheorie den untersuchen, von großer Aussagekraft. Für die Darstellung der physikalischen Wirksamkeit und Wirksamweise wurde ein Programmsystem vom Stand der Technik verwendet [Mial-05].

Für eine "*PROFILKONTUR*[p1][p2]" mit den Parametern spezifische Profildicke p1=d/t=20[%] und Wölbungsrücklage p2=xf/t=75[%] (bzw. Dickenrücklage: p2=xd/t=75[%] für den symmetrischen fall) werden mit einem Berechnungsansatz nach der Potentialtheorie Auftrieb- und Widerstandsbeiwerte in Abhängigkeit vom Anstellwinkel in einer Strömung α[°] errechnet. Die Reynoldszahl des Strömungszustands ist Re=1000. Die Simulationsrechnung bezieht sich auf eine Anströmrichtung, die im Fall der Anströmung unter einem Anstellwinkel von α=0[°] genau der Symmetrieachse des Profils folgt (siehe schematische Abbildung in Figur 2) und das Profil vom Bugpunkt PB über die Kontur bis zum Heckpunkt PH umströmt. Positive und negative Anstellwinkel betreffen die Neigung der Symmetrieachse zur Hauptströmungsrichtung. Die Berechnungswerte der Auftriebs- und Widerstandsbeiwerte des Profils *PROFILKONTUR2075* und eines Referenzprofils (NACA 67-020 aus der 6-stelligen NACA-Reihe) sind in

Tabelle 1 für eine Reihe von Anstellwinkeln wiedergegeben. Das Diagramm 1 zeigt den berechneten Verlauf der Auftriebsbeiwerte in Abhängigkeit von den Widerstandsbeiwerten (Polardiagramm) des Profils *PROFILKONTUR2075*. Berechnugswerte und Kurvenverlauf stellen den erwarteten Charakter eines (gutmütigen) bauchigen Profils dar.

Die Absolutwerte der berechneten Auftriebs- und Widerstandsbeiwerte eines Profils sind in der theoretischen Strömungsanalyse nicht unbedingt entscheidend. Der Vergleich zweier mit den gleichen Methoden analysierter Profilkonturen ist aussagekräftiger. Das Referenzprofils NACA 67-020 stammt aus der 6-stelligen Reihe der NACA-Profilserie, die in der Praxis der Auftriebstragflächenkonstruktion für hydrodynamisch wirksame Leit- und Steuerflächen von Seefahrzeiugen häufig verwendetet wird. NACA 67-020 ist ein typisches Laminarprofil.

Im Diagramm 2 werden die berechneten Kurven der Auftriebsbeiwerte in Abhängigkeit vom Anstellwinkel des Profils *PROFILKONTUR2075* denen des Referenzprofils NACA 67-020 gegenübergestellt. Während die Auftriebsbeiwerte des Profils *PROFILKONTUR2075* bei einem Anstellwinkel von etwa 18[°] ihr Maximum erreichen, geht beim Profil NACA 67-020 der Bereich Auftrieb generierender Betriebspunkte über einen Anstellwinkel von a=20[] hinaus. Der Anstieg der Kurven der Auftriebsbeiwerte beider Profile ist im Bereich der Anstellwinkel bis a=12 [°] vergleichbar. Bis etwa a=17[°] sind die Auftriebsbeiwerte des Profils PROFILKONTUR2075 besser.

Tabelle 1

Auftriebsbeiwerte Ca [-] und Widerstandsbeiwerte Cw [-] über den Anstellwinkel a [°]
für Re: 10E3 (Potentialtheoretische Berechnung)

KONTUR 20 75			NACA 67-020		
α	Ca	Cw	α	Ca	Cw
[°]	[-]	[-]	[°]	[-]	[-]
0,0	0,014	0,18561	0,0	-0,000	0,20919
1,0	0,141	0,18658	1,0	0,127	0,21029
2,0	0,050	0,18643	2,0	0,066	0,21175
3,0	0,170	0,18887	3,0	0,179	0,21476
4,0	0,326	0,13849	4,0	0,294	0,21990
5,0	0,341	0,14992	5,0	0,316	0,16577
6,0	0,446	0,15516	6,0	0,432	0,17701
7,0	0,549	0,16468	7,0	0,521	0,19593
8,0	0,640	0,18300	8,0	0,609	0,21717
9,0	0,724	0,20173	9,0	0,694	0,24521
10,0	0,803	0,23177	10,0	0,775	0,28989
11,0	0,878	0,26216	11,0	0,852	0,33003
12,0	0,944	0,30928	12,0	0,923	0,37227
13,0	1,004	0,36616	13,0	0,987	0,44521
14,0	1,055	0,41889	14,0	1,044	0,52208
15,0	1,096	0,50426	15,0	1,095	0,60208
16,0	1,129	0,57563	16,0	1,138	0,69027
17,0	1,152	0,68656	17,0	1,171	0,80730
18,0	1,165	0,77656	18,0	1,197	0,92813
19,0	1,170	0,91294	19,0	1,214	1,02311
20,0	1,167	1,03630	20,0	1,225	1,22496

Tabelle 2.: verwendete Größen, Formeln, Stoffwerte

-

Profiltiefe   t   [m]

Profildicke $d = 2R$ [m]

spezifische Profildicke   d/t   [%]

Profilwölbung   f   [m]

spezifische Profilwölbung   f/t   [%]

Wölbungsrücklage   xf   [m]

spez. Wölbungsrücklage   xf/t   [%]

Auftriebsbeiwert: Ca   [-]

Widerstandsbeiwert: Cw   [-]

Reynolds-Zahl $Re = v \cdot L / \nu$ $[m \cdot s^{-1}/m^2 \cdot s^{-1}]$,

Re $= v \cdot L / \nu$

Dichte ρ $[kg\ m^{-3}]$

ρ(Luft)   =1,188

kinematische Zähigkeit ν $[m^2\ s^{-1}]$

ν(Luft)   =0,00001524

Kreisgleichung: $x^2 + y^2 = R^2$

P(x,y): bel. Punkt des Kreises

Ellipsengleichung: $(x^2/a^2) + (y^2/b^2) = 1$

P(x,y): bel. Punkt der Ellipse

Tangentengleichung: $(x_B - x_0)(x - x_0) + (y_B - y_0)(y - y_0) = R^2$

P(x,y): bel. Punkt der Tangente

Bibliographie und Quellen

[Abbo-59] Ira H. Abbott, Albert E. von Doenhoff: Theory of Wing Sections: Including a   Summary of Airfoil Data. Dover Publications, New York 1959,

[Eppl-90] Richard Eppler: Airfoil Design and Data. Springer, Berlin, New York 1990,

[Gorr-17] Edgar Gorrell, S. Martin: Aerofoils and Aerofoil Structural Combinations. In: NACA Technical Report. Nr. 18, 1917.

[Katz-01] Joseph Katz, Allen Plotkin: Low-Speed Aerodynamics (Cambridge Aerospace Series) Cambridge University Press; 2 edition (February 5, 2001)

[Mial-05] B. Mialon, M. Hepperle: "Flying Wing Aerodynamics Studies at   ONERA and DLR", CEAS/KATnet Conference on Key Aerodynamic Technologies, 20.-22. Juni 2005, Bremen.

[W-1] http://de.wikipedia.org/wiki/Profil (abgerufen 11032013)

[W-2] The Airfoil Investigation Database, http://www.worldofkrauss.com/foils/578 (abgerufen 11032013)

[W-3] UIUC Airfoil Coordinates Database, (abgerufen 11032013) http://www.ae.illinois.edu/m-selig/ads/coord_database.html

Diagramm 1

Auftriebs- über Widerstandsbeiwert
PROFILKONTUR 2075
Luft, Re: 10E3
Auftriebsbeiwert Ca [-]
Widerstandsbeiwert Cw [-]
1,4
1,2
1
0,8
0,6
0,4
0,2
0
0
0,2
0,4
0,6
0,8
1
1,2

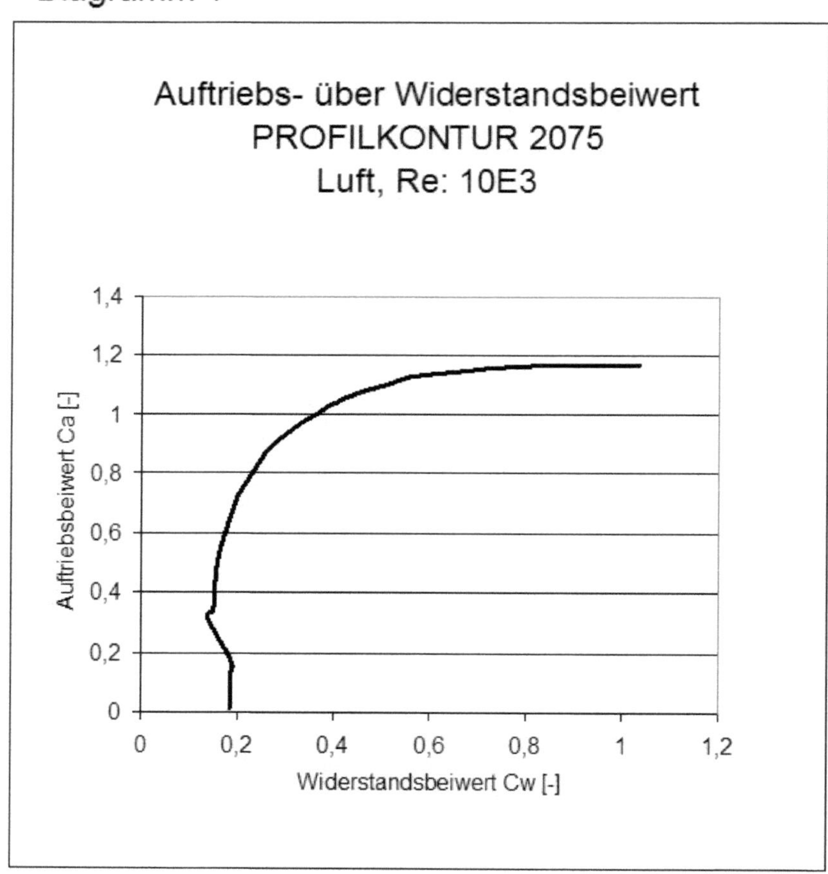

Diagramm 2

Auftriebsbeiwerte
Luft, Re: 10E3
Ca [-] PROFILKONTUR 2075
Ca [-] (NACA 67-020)
1,4
1,2
1
0,8
0,6
0,4
0,2
0
Ca [-]
0
5
10
15
20
25
Anstellwinkel

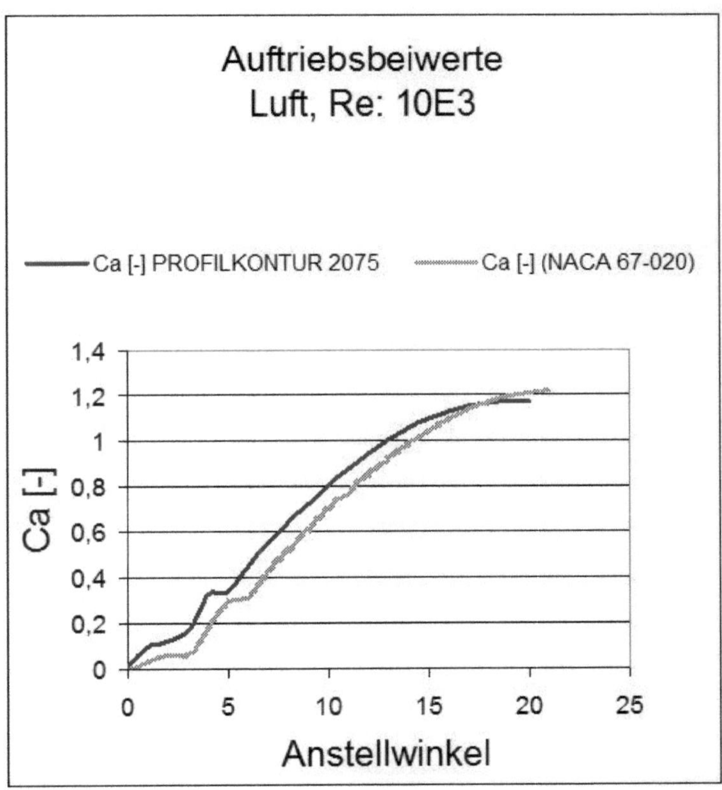

Figur 1

Profilsehne
Ellipse
Kreis
Tangente
xf [m]
(Wölbungsrücklage xf/t[%])
R = d/2 [m]
(Profildicke d/t [%])
t [m]
(Profiltiefe)

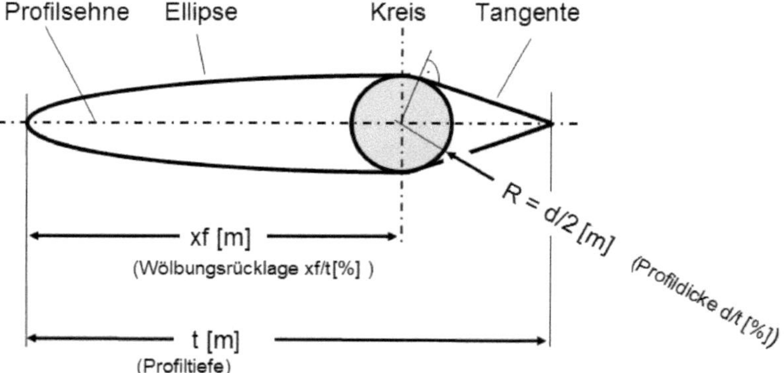

Figur 2

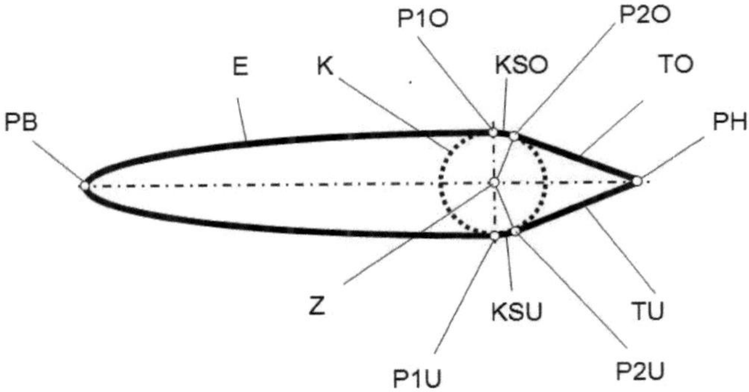

Figur 3

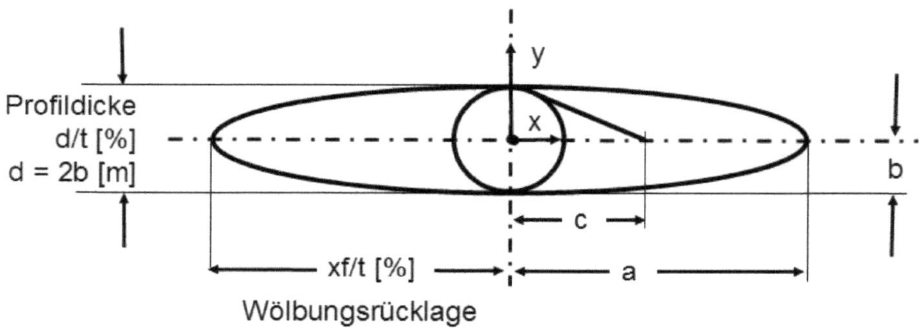

Figur 4

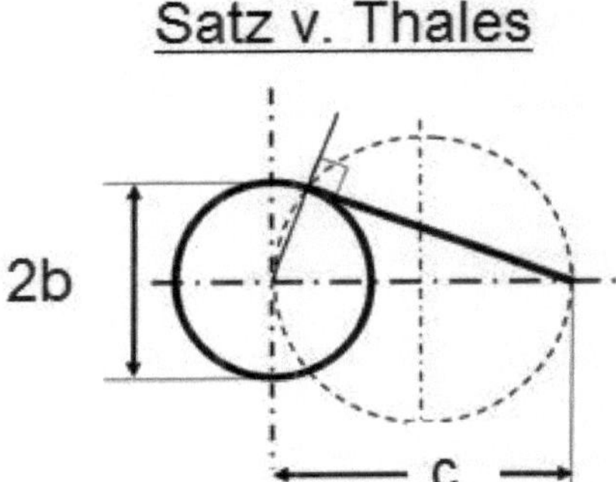

Figur 5

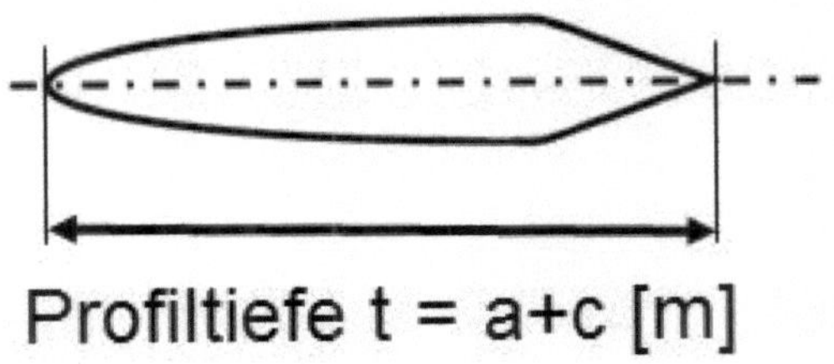

Profiltiefe t = a+c [m]

Figur 6

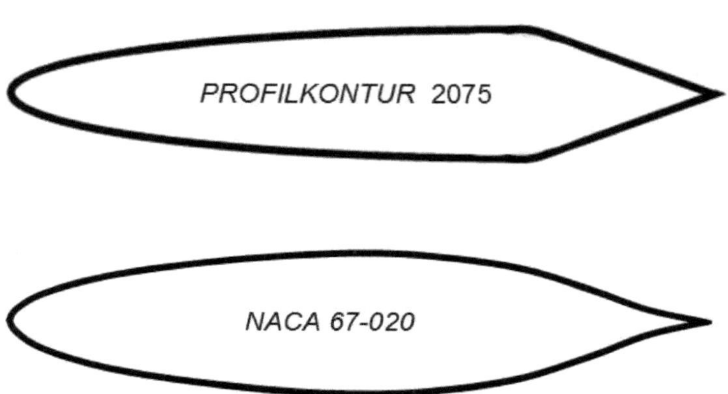